심선생 Math Series

심현성 지음
(Albert Shim)

5월 AP Calculus BC 시험대비
Final 총정리와 Practice Tests

심선생 Math Series

- Multiple Choice Questions 대비 30개 Topic과 90문제 총정리로 만점 받기
- Multiple Choice Questions 4 Full Tests
- Free Response Questions 8개 Topic 총정리로 만점 받기

저자 소개

심현성(Albert Shim) 선생님은

수능수학과 경시수학을 가르치다가 미국수학 전문가가 되었다. 레카스 아카데미를 거쳐 블루키프렙 대표이사 겸 대표강사를 지내다가 현재 TOP SEM학원의 대표이사 겸 Math 대표강사이기도 하다. 2008년 한국에서는 처음으로 "Math Level 2"를 출간 하였고 연이어 2009년에는 처음으로 "AP calculus"출간하였다. 현재는 10개국 이상의 나라에 Math관련 교재를 출간하고 있다. 특히, "Math Level 2 10 Practice Tests" , "AP Calculus AB&BC 핵심 편", "AP Calculus AB&BC 심화 편", "AMC10 & 12 특강"등은 미국 대학을 준비하는 거의 모든 학생들의 필수서적이 될 만큼 중요한 교재이며 베스트셀러 교재이기도 하다. 2008년부터 지금까지 10개국 이상에 출간한 책이 20권 이상이며 압구정에서 가장 많은 수강생을 가르치는 유명강사이다. 오프라인에서는 압구정에 위치한 TOP SEM학원에서 강의하고 있으며 온라인에서는 SAT,AP,IB 즉 미국대학 입시 전문 인터넷 동영상 강의 전문업체인 마스터프렙(www.masterprep.net)에서 Math의 거의 모든 분야를 강의하고 있으며 해당 사이트에서도 No.1 수학강사로 차별성 있는 톡톡 뛰는 강의로 정평이 나 있다.

수업문의

TOP SEM학원 (02-511-4235, www.topsem.co.kr)
인터넷 동영상업체 마스터프렙 (www.masterprep.net)

Multiple Choice Questions (MCQ)

두 개의 파트로 구성이 되어 있고

Part A는 30문제 60분이 주어지며 계산기를 사용할 수 없다.

Part B는 15문제 45분이 주어지며 계산기 사용이 가능하다.

Free Response Questions (FRQ)

두 개의 파트로 구성이 되어 있고

Part A는 2문제 30분이 주어지며 계산기 사용이 가능하다.

Part B는 4문제 60분이 주어지며 계산기 사용이 불가능하다.

대부분의 학생들은 어떻게 느끼는가?

MCQ의 경우에는 Part A가 쉽고 시간이 넉넉하며 FRQ의 경우에는 Part B가 쉽게 느껴진다고 한다. MCQ, FRQ 모두 오히려 계산기 사용이 가능한 파트를 더 어렵게 느낀다는 것이 대부분 학생들의 답변이다.

1. Multiple Choice Questions를 위한 30개의 핵심 Topic과 90개의 핵심 문제를 제공함으로써 단기간에 AP Calculus BC를 준비할 수 있게 하였다.

2. AP Calculus BC Full Test 4회분과 자세한 해설을 실었으며 Quality 높은 문제들로 구성되어 있다.

3. Free Response Questions를 위한 8개의 Topic과 심선생만의 차별화된 접근 방식을 제공하였다.

4. 그 어느 교재에서도 볼 수 없는 심선생만의 차별화된 강의와 해설이 그대로 담겨 있다.

5. 최단기간 준비로 만점을 받을 수 있게 구성하였다.

이 책의
활용 방법

1. Free Response Questions의 경우 본 교재를 모두 풀어봤다 하더라도 Collegeboard에서 제공하는 최근 기출문제 3~5년 분량은 반드시 풀어보자.

2. FRQ 서술형의 경우 Collegeboard에서 제공하는 해설과 다른 방식으로 써도 무관하다. 즉, Collegeboard에서 제공하는 해설지가 만능은 아니다!

3. 4개의 Full Test를 풀어보기 전에 반드시 MCQ 30개의 Topic과 90개의 핵심문제를 완성하도록 한다.

1. 학교에서 AP Calculus를 수강했던 학생들만 5월 AP Calculus 시험에 응시하자!

학교에서 배우기도 전에 시험을 봐 버린다면 미국 내의 고교 교사들은 정작 중요한
AP Calculus 수업 수강을 못하게 하는 경우가 많다. 이는 대학 입시에도 좋지 못한
경우가 된다.

2. 시간을 절약하자!

한국의 입시에서는 수학이 가장 중요한 과목 중 하나이지만 미국의 대학 입시에서는
아주 일부 중 하나이다. 이 책 저 책 많이 사서 쩔쩔매는 학생들을 종종 만나는데,
전혀 그럴 필요가 없다. 왜냐고? AP Calculus 시험은 어느 정도만 풀어도 만점인
시험이기 때문이다.
다른 Science 과목이나 Social 과목들보다 만점을 많이 주는 시험이다. 그러니,
다른 과목에 좀 더 많은 시간을 투자하여야 한다.

3. 강박증을 버리자!

한국의 수능 수학에서는 1개만 틀려도 대학의 합격 여부가 결정되지만, 앞에서도
말한 것처럼 AP Calculus 시험은 어느 정도 기준만 통과하면 만점인 시험이다.
그러니, 시험장에서도 자신 있는 것 먼저 풀고 MCQ의 경우 모르는 문제는 찍으면 된다.
틀려도 감점은 없다. FRQ의 경우에도 자신 있는 문제들만 잘 골라 써도 만점이니
너무 강박관념을 가지고 시험을 보지 않아도 된다.
일부 학생들이 시험을 보고 난 후 결과도 나오지 않았는데 성적이 안 나올 것 같다며
취소하려 해서 여러 번 말렸었다. 그런데 이게 웬일인가? 그 학생들 모두 만점이
나왔었다. 그러니, 좀 못 푼 문제가 있다고 해서 실망할 필요는 없는 것이다.

Preface

필자가 AP Calculus 책을 집필한 지도 어느덧 10년의 세월이 흘렀다. 강의 현장에서 느낀
점들을 하나도 빠짐없이 독자들에게 전달해 주고 싶은 마음으로 집필을 해 왔다.
이 책은 5월 AP Calculus BC를 준비하는 학생들에게 단기간에 최대의 효과를 보게 하려고
집필하였다. 방대하게 보이는 AP Calculus BC 시험을 간결하게 정리하고 싶었고
무엇보다도 간결함 속에서도 필자만의 노하우만큼은 빠지지 않게 정리하여 전달하고
싶었다. AP Calculus 실전 문제를 2007년에 처음으로 개발하여 학생들에게 풀려봤었고
매년 모의고사를 개발하고 수업을 하면서 그리고 학생들의 반응과 결과를 보면서 매년
수정에 수정을 거듭했다.

그동안 많은 학생들이 이 책의 출판에 대한 요구의 목소리도 높았다. 누구나 쉽게 접근하고
간결하게 시험을 준비할 수 있는… 그 어느 책보다 질 좋은 문제들만 담고 그 어느 책에서도
볼 수 없는 해설을 실은 책을 만들고 싶었고 이제 그 꿈을 이룬 것 같아 상당히 기쁘다.
이 책의 집필 과정은 상당히 고뇌고 힘들었다. 그동안 한 인간으로서 할 수 있는 모든 노력은
다 했다. 앞으로도 본인이 할 수 있는 모든 노력을 다할 것을 약속드린다.

그동안 많은 분들의 도움이 있었다.
필자의 학원 운영을 책임지시는 현수현 원장님, 필자의 온라인 강의를 허락해 주신
마스터프렙 권주근 대표님, 무엇보다도 소중한 자녀를 필자에게 맡겨주신 학부모님들께
지면을 빌려 감사한 마음을 전한다.
이 책이 학생들에게는 없어서는 안 될 길잡이가 되기를 간절히 바라는 바이다.

2019. 03. 05
심현성

Contents

Multiple Choice Questions

Free Response Questions

Multiple Choice Questions

 핵심내용 30 Topics와 90문제로 총정리하기

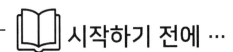 시작하기 전에 …

AP Calculus BC 시험을 준비하는 데 있어서 Multiple Choice Question에 꼭 필요한 내용과 문제들만 모아 두었다. 실전 문제에 들어가기에 앞서서 반드시 알아야 할 내용과 문제들만 실었으니 꼼꼼하게 공부하도록 해야 한다.

Topic 1 - Limit 계산

1. $\dfrac{\infty}{\infty}$

$$\lim_{x \to \infty} \frac{cx^m + dx^{m-1}}{ax^n + bx^{n-1} + \cdots} \qquad = \frac{c}{a} \qquad\qquad (m = n)$$

$$= \infty \qquad\qquad (m > n)$$

$$= 0 \qquad\qquad (m < n)$$

2. $\displaystyle\lim_{x \to a} f(x)$ $\begin{cases} \displaystyle\lim_{x \to a^-} f(x) \\ \displaystyle\lim_{x \to a^+} f(x) \end{cases}$

즉, Left Hand Limit과 Right Hand Limit으로 나누어 계산한 후 두 계산 결과가 같을 때 $\displaystyle\lim_{x \to a} f(x)$ 값이 Exist.

? Exercise

1. $\displaystyle\lim_{x\to\infty}\frac{2x-1}{\sqrt{x^2+3}}=$

   (A) $-\infty$　　　　(B) 0　　　　(C) 2　　　　(D) ∞

2. $\displaystyle\lim_{x\to3}\frac{x-3}{x^2-2x-3}=$

   (A) $\dfrac{1}{4}$　　　　(B) $\dfrac{1}{2}$　　　　(C) 1　　　　(D) 2

3. $\displaystyle\lim_{x\to0}\frac{|x|}{x}=$

   (A) 0　　　　(B) 1　　　　(C) 2　　　　(D) Nonexistent

4. $\displaystyle\lim_{x\to4}\frac{\sqrt{x}-2}{x-4}=$

   (A) $\dfrac{1}{4}$　　　　(B) $\dfrac{1}{2}$　　　　(C) 0　　　　(D) 2

Solution
(with lightbulb icon)

1. (C)

$$\lim_{x \to \infty} \frac{2 - \dfrac{1}{x}}{\sqrt{1 + \dfrac{3}{x^2}}} = 2$$

2. (A)

$$\lim_{x \to 3} \frac{x - 3}{(x - 3)(x + 1)} \;\Rightarrow\; \lim_{x \to 3} \frac{1}{x + 1}$$

$$\Rightarrow\; \lim_{x \to 3-} \frac{1}{x + 1} = \frac{1}{4}, \; \lim_{x \to 3+} \frac{1}{x + 1} = \frac{1}{4}$$

3. (D)

$$\lim_{x \to 0+} \frac{x}{x} = 1, \; \lim_{x \to 0-} \frac{-x}{x} = -1$$

4. (A)

$$\lim_{x \to 4} \frac{\sqrt{x} - 2}{\sqrt{x}^2 - 2^2} \;\Rightarrow\; \lim_{x \to 4} \frac{\sqrt{x} - 2}{(\sqrt{x} - 2)(\sqrt{x} + 2)} \;\Rightarrow\; \lim_{x \to 4} \frac{1}{\sqrt{x} + 2}$$

$$\lim_{x \to 4+} \frac{1}{\sqrt{x} + 2} = \frac{1}{4}, \; \lim_{x \to 4-} \frac{1}{\sqrt{x} + 2} = \frac{1}{4}$$

Topic 2 - L'Hopital's Rule

Limit을 계산할 때, $\frac{\infty}{\infty}$ 또는 $\frac{0}{0}$ 형태에 대해서는 다음과 같이 Denominator, Numerator를 각각 Differentiate 한다.

$\Rightarrow$ Denominator 또는 Numerator 둘 중 하나가 0 또는 ∞가 아닐 때까지 Differentiate 한다.

Exercise

5. $\lim\limits_{x \to 0} \dfrac{e^x + \cos x - 2}{x^2 - x} =$

(A) -2 (B) -1 (C) 0 (D) $\dfrac{1}{2}$

6. $\lim\limits_{x \to 0} \dfrac{2\tan x}{e^{5x} - 1} =$

(A) 0 (B) $\dfrac{2}{5}$ (C) $\dfrac{4}{5}$ (D) 2

7. $\lim\limits_{x \to \infty} \dfrac{x^2}{e^x} =$

(A) 0 (B) 1 (C) e (D) 2

x	$f(x)$	$f'(x)$	$f''(x)$	$f^{(3)}(x)$
5	0	0	0	2

8. The third derivative of the function f is continuous on the interval $(0, 4)$. Values for f and its first three derivatives at $x = 5$ are given in the table above. What is $\lim\limits_{x \to 5} \dfrac{f(x)}{(x-5)^3}$?

(A) 0 (B) $\dfrac{1}{6}$ (C) $\dfrac{1}{3}$ (D) Nonexistent

 **Solution**

5. (B)

L'Hopital's Rule!

$$\lim_{x \to 0} \frac{e^x + \cos x - 2}{x^2 - x} \implies \frac{0}{0} \text{ 모양!}$$

$$\implies \lim_{x \to 0} \frac{(e^x + \cos x - 2)'}{(x^2 - x)'} \implies \lim_{x \to 0} \frac{e^x - \sin x}{2x - 1} = \frac{1}{-1} = -1$$

6. (B)

L'Hopital's Rule!

$$\lim_{x \to 0} \frac{2\tan x}{e^{5x} - 1} \implies \frac{0}{0} \text{ 모양!}$$

$$\implies \lim_{x \to 0} \frac{(2\tan x)'}{(e^{5x} - 1)'} \implies \lim_{x \to 0} \frac{2\sec^2 x}{5e^{5x}} = \frac{2}{5}$$

7. (A)

L'Hopital's Rule!

$$\lim_{x \to \infty} \frac{x^2}{e^x} \implies \frac{\infty}{\infty} \text{ 모양!}$$

$$\implies \lim_{x \to \infty} \frac{(x^2)'}{(e^x)'} = \lim_{x \to \infty} \frac{2x}{e^x} \implies \text{L'Hopital's Rule!} \implies \lim_{x \to \infty} \frac{(2x)'}{(e^x)'} = \lim_{x \to \infty} \frac{2}{e^x} = \frac{2}{\infty} = 0$$

8. (C)

$$\lim_{x \to 5} \frac{f(x)}{(x - 5)^3} \implies \frac{0}{0} \text{ 모양!}$$

$$\implies \lim_{x \to 5} \frac{f'(x)}{3(x - 5)^2} \implies \frac{0}{0} \text{ 모양!}$$

$$\implies \lim_{x \to 5} \frac{f''(x)}{6(x - 5)} \implies \frac{0}{0} \text{ 모양!}$$

$$\implies \lim_{x \to 5} \frac{f'''(x)}{6} = \frac{2}{6} = \frac{1}{3}$$

Topic 3 - Asymptote

$y = \dfrac{g(x)}{f(x)}$에 대해…

1. Vertical Asymptote : $f(x) = 0$인 x값

2. Horizontal Asymptote : $\displaystyle\lim_{x \to \infty} \dfrac{g(x)}{f(x)}$와 $\displaystyle\lim_{x \to -\infty} \dfrac{g(x)}{f(x)}$ 계산

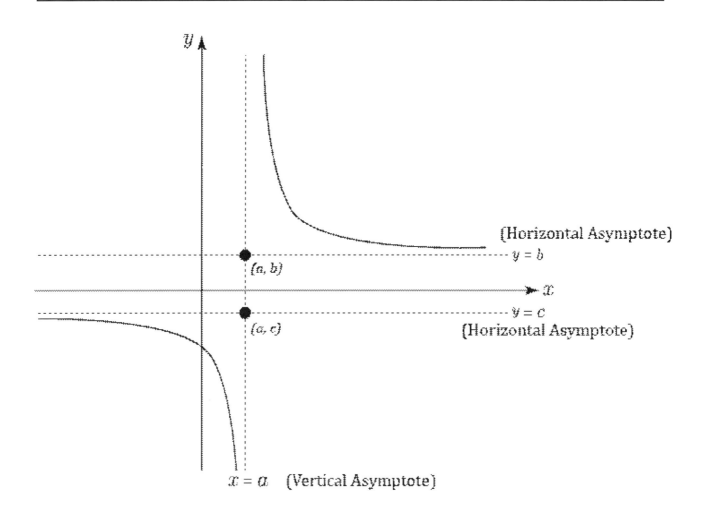

(Horizontal Asymptote)

$y = b$

(a, b)

x

$y = c$

(Horizontal Asymptote)

(a, c)

$x = a$ (Vertical Asymptote)

9. What is(are) horizontal asymptote(s) of the graph of $y = \dfrac{10 + 3^x}{3 - 3^x}$ on the xy-plane?

(A) $y = -1$

(B) $y = 0$

(C) $y = -1$ and $\dfrac{10}{3}$

(D) $y = \dfrac{10}{3}$

10. Which of the following lines is(are) asymptote(s) of the graph of $f(x) = \dfrac{x^2 - 3x - 2}{x^2 - 4}$?

I. $y = 1$ II. $x = \pm 2$ III. $x = -1$ IV. $x = -2$ and -1

(A) I only   (B) II only   (C) I and II only   (D) II and IV only

Solution

9. (C)

- $\displaystyle\lim_{x \to \infty} \frac{\dfrac{10}{3^x}+1}{\dfrac{3}{3^x}-1} = \frac{0+1}{0-1} = -1$

- $\displaystyle\lim_{x \to -\infty} \frac{10+3^x}{3-3^x} = \frac{10+3^{-\infty}}{3-3^{-\infty}} = \frac{10+\dfrac{1}{3^\infty}}{3-\dfrac{1}{3^\infty}} = \frac{10}{3}$

10. (C)

① Vertical Asymptote : $x^2-4=0 \Rightarrow x = \pm 2$

② Horizontal Asymptote :
- $\displaystyle\lim_{x \to \infty} \frac{x^2-3x-2}{x^2-4} = 1$
- $\displaystyle\lim_{x \to -\infty} \frac{x^2-3x-2}{x^2-4} = 1$

Therefore, $x = \pm 2$, $y = 1$

Topic 4 - $\lim_{x \to a} f(x)$의 해석

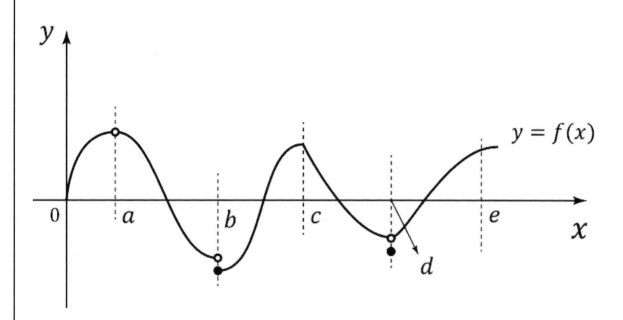

	a	b	c	d	e
• Continuity	X	X	O	X	O
• Limit exist	O	X	O	O	O
• Function exist	X	O	O	O	O
• Differentiable	X	X	X	X	O

위의 그림과 Table로부터 다음의 ① ~ ⑧까지를 알 수 있다.

① Continuity
   ⇒ Limit exist ⇒ Function exist
   ⇒ Differentiable은 알 수 없음

② Limit exist
   ⇒ Continuity, Function exist, Differentiable 모두 확신할 수 없음

③ Differentiable
   ⇒ Continuity ⇒ Limit exist ⇒ Function exist

19

④ Removable discontinuity $(a, 0)$, $(d, 0)$

$\lim\limits_{x \to a-} f(x) = \lim\limits_{x \to a+} f(x)$이지만 Discontinuity

⑤ Jump discontinuity $(b, 0)$

$\lim\limits_{x \to a-} f(x) \neq \lim\limits_{x \to a+} f(x)$이고 Discontinuity

⑥ The Definition of Continuity

$$\boxed{\lim_{x \to a-} f(x) = \lim_{x \to a+} f(x) = f(a)}$$

$$= \boxed{\lim_{x \to a} f(x) = f(a)}$$

⑦ $\lim\limits_{x \to a} f(x)$ exist

$\Rightarrow \lim\limits_{x \to a-} f(x) = \lim\limits_{x \to a+} f(x)$ or

$\Rightarrow \lim\limits_{x \to a} f(x) = c$ $(\ast c = f(a)$ or $c \neq f(x))$

⑧ Differentiability

$$y = f(x)$$

②

①

$x \;\vdots\; x$

a

$\Rightarrow$ ① $\lim\limits_{x \to a-} \dfrac{f(x) - f(a)}{x - a}$ = ② $\lim\limits_{x \to a+} \dfrac{f(x) - f(a)}{x - a}$

(Example) 미분불능 (Not Differentiable)의 예

①

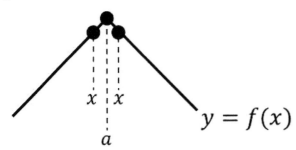

$$\Rightarrow \lim_{x \to a-} \frac{f(x)-f(a)}{x-a} \neq \lim_{x \to a+} \frac{f(x)-f(a)}{x-a}$$

②

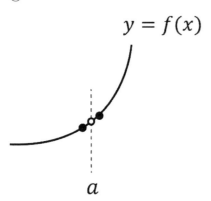

$$\Rightarrow \lim_{x \to a-} \frac{f(x)-f(a)}{x-a} \;:\; f(a) \text{ does not exist}$$

$$\Rightarrow \lim_{x \to a+} \frac{f(x)-f(a)}{x-a} \;:\; f(a) \text{ does not exist}$$

③

$$\Rightarrow \lim_{x \to a-} f(x) \neq \lim_{x \to a+} f(x) \text{ 이므로 } \lim_{x \to a-} \frac{f(x)-f(a)}{x-a} \neq \lim_{x \to a+} \frac{f(x)-f(a)}{x-a}$$

11. If $\begin{cases} f(x) = \dfrac{x^2 - 3x + 2}{x - 1} & (x \neq 1) \\ f(1) = k \end{cases}$, and if f is continuous at $x = 1$, then $k =$

(A) -1 (B) 0 (C) 1 (D) 2

12. If $\lim\limits_{x \to 5} f(x) = 3$, which of the following must be true?

I. $f(5) = 3$
II. $f'(5) = 3$
III. f is continuous at $x = 5$

(A) None   (B) I only   (C) II only   (D) I and III only

13. At $x = 2$, the function given by $f(x) = \begin{cases} x^2 + 1, & x \geq 2 \\ 4x - 3 & x < 2 \end{cases}$ is

(A) neither continuous nor differentiable

(B) continuous but not differentiable

(C) differentiable but not continuous

(D) both continuous and differentiable

14. The function $f(x) = \begin{cases} 2x & (x \le 1) \\ e^x & (x > 1) \end{cases}$

(A) is continuous everywhere.

(B) is differentiable at $x = 1$.

(C) is continuous but not differentiable at $x = 1$.

(D) has a jump discontinuity at $x = 1$.

15. The function $f(x) = \begin{cases} \dfrac{x^2 - 2x - 3}{x - 3} & (x \ne 3) \\ 1 & (x = 3) \end{cases}$

(A) is continuous everywhere.

(B) is differentiable at $x = 3$.

(C) is continuous but not differentiable at $x = 3$.

(D) has a removable discontinuity at $x = 3$.

⚡ Solution

11. (A)

$$\lim_{x \to 1} \frac{x^2 - 3x + 2}{x - 1} = f(1) = k$$

$$\Rightarrow \lim_{x \to 1} \frac{(x-1)(x-2)}{x-1} = f(1) = k$$

$$\Rightarrow \lim_{x \to 1}(x-2) = k \Rightarrow \lim_{x \to 1-}(x-2) = -1 = k, \ \lim_{x \to 1+}(x-2) = -1 = k$$

12. (A)

$\lim_{x \to 5} f(x) = 3$은 $\lim_{x \to 5-} f(x) = \lim_{x \to 5+} f(x)$를 의미한다.

즉, $\lim_{x \to 5} f(x)$ exists.

$\lim_{x \to 5} f(x)$ exist 한다고 하여

$x = 5$에서 continuous, $f(5)$ exist 여부, $x - 5$에서 differentiable 여부는 확실히 알 수 없다.

13. (D)

- $\lim_{x \to 2-} \frac{f(x) - f(2)}{x - 2} \Rightarrow \lim_{x \to 2-} \frac{4x - 3 - 5}{x - 2} = \lim_{x \to 2-} \frac{4(x-2)}{(x-2)} = 4$

- $\lim_{x \to 2+} \frac{f(x) - f(2)}{x - 2} \Rightarrow \lim_{x \to 2+} \frac{x^2 + 1 - 5}{x - 2} = \lim_{x \to 2+} \frac{(x-2)(x+2)}{x - 2} = 4$

$\lim_{x \to 2-} \frac{f(x) - f(2)}{x - 2} = \lim_{x \to 2+} \frac{f(x) - f(2)}{x - 2}$ 이므로 function f는 $x = 2$에서 differentiable!

or

$f'(x) = \begin{cases} (x^2 + 1)' = 4 \\ (4x - 3)' = 4 \end{cases}$ 이므로 differentiable

$\Rightarrow$ Differentiable이면

$\Rightarrow$ function f가 $x = 2$에서 differentiable이면 반드시 continuous이고

$\lim_{x \to 2} f(x)$도 exist 하여 $f(2)$도 exist 한다.

14. (D)

function f는 $x=1$에서 discontinuity이고

$\lim_{x \to 1+} e^x \neq \lim_{x \to 1-} 2x$이므로 $x=1$에서 jump discontinuity.

15. (D)

function f는 $x=3$에서 discontinuity이고

$\lim_{x \to 3-} f(x) = \lim_{x \to 3+} f(x)$이므로 removable discontinuity.

①

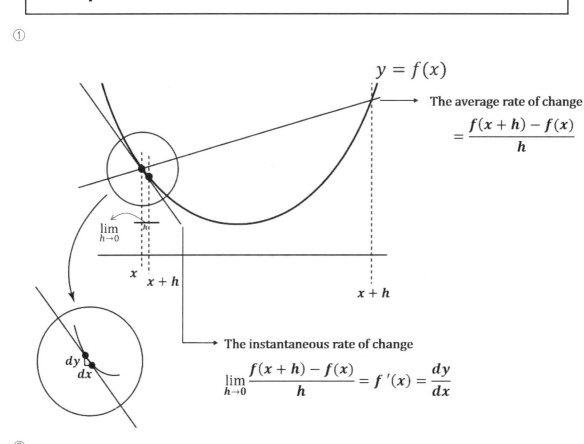

$$y = f(x)$$

The average rate of change

$$= \frac{f(x+h) - f(x)}{h}$$

$$\lim_{h \to 0}$$

x

$x + h$

$x + h$

The instantaneous rate of change

$$\lim_{h \to 0} \frac{f(x+h) - f(x)}{h} = f'(x) = \frac{dy}{dx}$$

$$\frac{dy}{dx}$$

②

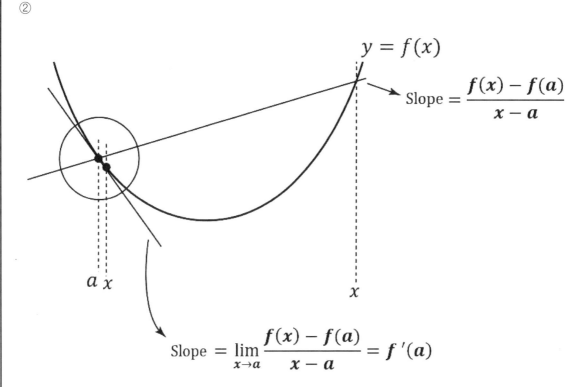

$$y = f(x)$$

$$\text{Slope} = \frac{f(x) - f(a)}{x - a}$$

$a \ x$

x

$$\text{Slope} = \lim_{x \to a} \frac{f(x) - f(a)}{x - a} = f'(a)$$

Exercise

16. Let f be a function such that $\lim\limits_{h \to 0} \dfrac{f(e+h)-f(e)}{h} = 3$, which of the following must be true?

> I. The derivative of f is continuous at $x=e$.
> II. $f'(e) = 3$
> III. $\lim\limits_{x \to e} f(x) = 3$

(A) I only   (B) II only   (C) I and II only   (D) II and III only

17. If f is a function such that $\lim\limits_{x \to 3} \dfrac{f(x)-f(3)}{x-3} = 3$, which of the following is not true?

(A) $\lim\limits_{x \to 3} f(x)$ exists.

(B) $f(3)$ exists.

(C) f is continuous at $x=3$.

(D) $f(3)=3$

18. $\lim\limits_{x \to 0} \dfrac{\cos x - 1}{x}$ is

(A) $f'(0)$, where $f(x) = \sin x$

(B) $f'(1)$, where $f(x) = \cos x$

(C) $f'(0)$, where $f(x) = \cos x$

(D) $f'(1)$, where $f(x) = \cos(x+1)$

⚡ Solution

16. (B)

$\lim_{h \to 0} \dfrac{f(x+h)-f(x)}{h} = f'(x)$에서 $x=e$이므로 $f'(e)=3$.

즉, $y=f(x)$는 $x=e$에서 differentiable이므로

I. f'이 $x=e$에서 continuous 여부는 알 수 없다.

II. $f'(e)=3$이고,

III. $\lim\limits_{x \to e} f(x)$이 exist 한다.

정답은, (B).

* $f'(e)=3$은 $x=e$에서 The Slope of Line tangent가 3이라는 의미이지 $\lim\limits_{x \to e} f(x) = 3$이라고 확신할 수는 없다.

(Example)

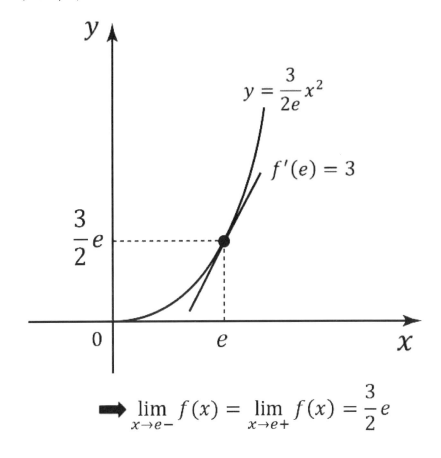

$$\Rightarrow \lim_{x \to e-} f(x) = \lim_{x \to e+} f(x) = \frac{3}{2}e$$

다음의 경우를 보자.

(Example 1)

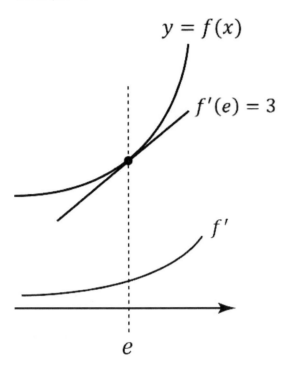

(Example 2)

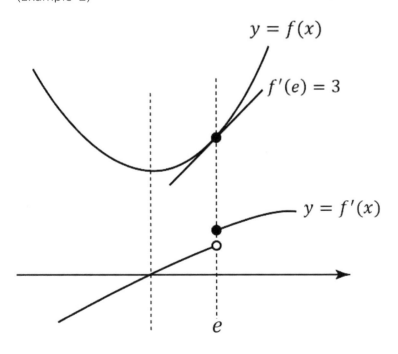

위의 (Example 1), (Example 2)의 경우에서 보는 것처럼 $f'(e)$가 exist 하더라도 f' graph가 $x = e$에서 continuous 할 수도 있고 아닐 수도 있다.

17. (D)

$\lim\limits_{x \to a} \dfrac{f(x) - f(a)}{x - a} = f'(a)$ 에서 $a = 3$이므로 $f'(3) = 3$.

즉, function f는 $x = 3$에서 continuous이고 $f(3)$도 exist하고 $\lim\limits_{x \to 3} f(x)$도 exist 한다.

(D)번의 $f(3) = 3$인지는 확신할 수 없다. 예를 들어, 다음과 같은 경우가 생길 수 있기 때문이다.

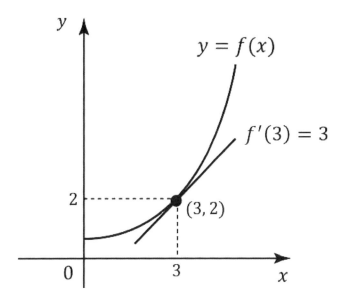

즉, $x = 3$에서 the slope of line tangent가 3인 것이지 $f(3) = 3$인 것이 아니기 때문이다.

18. (C)

$\lim\limits_{x \to a} \dfrac{f(x) - f(a)}{x - a} = f'(a)$에서 $f(x) = \cos x$이고 $a = 0$이므로

$f(x) = \cos x$에서 $f'(0)$을 구하는 것이다.

Topic 6 – Derivative 계산

Derivative 계산법

1. 기본적인 Formula

Formula (1)	• $y = x^n \implies y' = n \cdot x^{n-1}$
	• $y = f(x) \cdot g(x) \implies y' = f'(x) \cdot g(x) + f(x) \cdot g'(x)$
	• $y = f(x) \pm g(x) \implies y' = f'(x) \pm g'(x)$
	• $y = c \cdot f(x) \implies y' = c \cdot f'(x) \ (c \neq 0)$
	• $y = \dfrac{g(x)}{f(x)} \implies y' = \dfrac{g'(x) \cdot f(x) - g(x) \cdot f'(x)}{(f(x))^2}$ (단, $f(x) \neq 0$)
	• $y = c \implies y' = 0$

Formula (2)

① 삼각함수의 미분

$$\implies \boxed{c\text{로 시작} \to -\csc(\text{단, }\sin x, \cos x \text{ 제외}),\ t\text{포함} \to (\ )^2}$$

• $(\sin x)' \to \cos x$ \qquad (※ $\sin x$와 $\cos x$는 서로 주고받는다.)
• $(\cos x)' \to -\sin x$
• $(\tan x)' \to \sec^2 x$ \qquad (타면 →시커멓다) (t포함 → $(\ )^2$)
• $(\sec x)' \to \sec x \tan x$ \qquad (시커멓다 → 석탄!)
• $(\cot x)' \to -\csc^2 x$
• $(\csc x)' \to -\csc x \cot x$ \qquad (코 시커먼 것은 → 코 탄 것이다!)

② 역삼각함수의 미분

$$\implies \boxed{\begin{array}{l} c\text{로 시작하면 Negative!} \\ \sin^{-1}x,\ \tan^{-1}x,\ \sec^{-1}x \text{ 만 암기하면} \\ \cos^{-1}x,\ \cot^{-1}x,\ \csc^{-1}x \text{는 앞에 } (-)\text{만 붙는다.} \end{array}}$$

• $(\sin^{-1}x)' \to \dfrac{1}{\sqrt{1-x^2}} (-1 < x < 1)$ \qquad • $(\tan^{-1}x)' \to \dfrac{1}{1+x^2}$

• $(\cos^{-1}x)' \to -\dfrac{1}{\sqrt{1-x^2}} (-1 < x < 1)$ \qquad • $(\cot^{-1}x)' \to -\dfrac{1}{1+x^2}$

• $(\sec^{-1}x)' \to \dfrac{1}{|x|\sqrt{x^2-1}} (|x| > 1)$

• $(\csc^{-1}x)' \to -\dfrac{1}{|x|\sqrt{x^2-1}} (|x| > 1)$

③ 그 외의 공식들

• $(\log_a x)' \to \dfrac{1}{x \ln a}$ \qquad • $(a^x)' \to a^x \ln a$ \qquad • $(\ln x)' \to \dfrac{1}{x}$ \qquad • $(e^x)' \to e^x$

2. Chain Rule

6가지 Chain Rule

ⓐ $y = (\bullet)^n \implies y' = n(\bullet)^{n-1} \cdot \bullet'$

(Ex) $y = (3x^2 + 5x - 1)^3 \implies y' = 3(3x^2 + 5x - 1)^{3-1} \cdot (6x + 5)$

ⓑ $y = \sin\bullet \implies y' = \bullet' \cdot \cos\bullet$

(Ex) $y = \sec(5x + 1) \implies y' = \sec(5x + 1) \cdot \tan(5x + 1) \times 5$

ⓒ $y = \sin^{-1}\bullet \implies y' = \dfrac{1}{\sqrt{1 - \bullet^2}} \times \bullet'$

(Ex) $y = \tan^{-1}(5x^2) \implies y' = \dfrac{1}{1 + (5x^2)^2} \times 10x$

ⓓ $y = a^\bullet \implies y' = (a^\bullet \cdot \ln a) \times \bullet'$

(Ex) $y = 3^{5x^3 + 7x} \implies y' = (3x^{5x^3 + 7x} \times \ln 3) \cdot (15x^2 + 7)$

ⓔ $y = \log_a\bullet \implies y' = \dfrac{1}{\bullet \cdot \ln a} \times \bullet', \quad y = \ln\bullet \implies y' = \dfrac{1}{\bullet} \times \bullet'$

(Ex) $y = \log_3(2x^5) \implies y' = \dfrac{1}{2x^5 \times \ln 3} \times 10x^4$

ⓕ $y = f(\bullet) \implies y' = f'(\bullet) \cdot \bullet'$

(Ex) $y = f(10x) \implies y' = 10 \cdot f'(10x)$

반드시 알아 두어야 할 사항

① $f(x) = e^{\ln g(x)} = g(x)^{\ln e} = g(x)$

② $f(x) = \sqrt[m]{(\ )^n} = (\ )^{\frac{n}{m}}$ 으로 바꾸어서 $f'(x)$를 구하자.

③ $f(x) = \dfrac{a}{(\ )^n} = a(\ )^{-n}$ 으로 바꾸어서 $f'(x)$를 구하자.

④ $\sin^n f(x)$은 $\sin(f(x))^n$으로 놓고 $\dfrac{dx}{dy}$를 구하자.

⑤ $y = (\text{Constant})^{(\text{variable})} \implies$ 공식대로! (EX) $y = 2^x$

⑥ $y = (\text{Variable})^{(\text{Variable})} \implies$ 양변에 ln을 취한다. (EX) $y = x^x$

⑦ Exponent가 애매한 경우에는 양변에 ln을 취한다.

⑧ $\dfrac{d}{dx}((\text{Variable})^{(\text{Variable})})$에서 $y = (\text{Variable})^{(\text{Variable})}$로 놓고 양변에 ln을 취한 후 $y' = \dfrac{dy}{dx}$ 임을 이용한다.

⑨ $y = (\text{Variable})^{(\text{Constant})} \implies$ 공식대로! (EX) $y = x^2$

3. $\dfrac{dy}{dx}$, $\dfrac{d^2y}{dx^2}$

I. $\dfrac{dy}{dx}$

다음을 보자.

ⓐ $\dfrac{d}{dx}(x^2) = 2x$, ⓑ $\dfrac{d}{d\theta}(2\theta) = 2$, ⓒ $\dfrac{d}{dy}(y) = 1$, ⓓ $\dfrac{d}{dr}(r^2 + 1) = 2r$ …에서 보는 바와 같이

분모(Denominator)의 문자와 같은 식만 미분(Differentiation)이 가능함을 알 수 있다.

$\dfrac{d}{dx}(y)$ … 분모의 문자와 미분하려는 식이 문자가 다르다. 이럴 때는 $\dfrac{d}{dy}(y)\dfrac{dy}{dx} = \dfrac{dy}{dx}$ 가 된다.

그럼, 다음의 예제들을 보자.

ⓐ $\dfrac{d}{dx}(y^2) = \dfrac{d}{dy}y^2\dfrac{dy}{dx} = 2y\dfrac{dy}{dx}$

ⓑ $\dfrac{d}{dx}(3r) = \dfrac{d}{dr}(3r)\dfrac{dr}{dx} = 3\dfrac{dr}{dx}$

ⓒ $\dfrac{d}{dx}(3\theta^5) = \dfrac{d}{d\theta}(3\theta^5)\dfrac{d\theta}{dx} = 15\theta^4\dfrac{d\theta}{dx}$ …

위의 ⓐ, ⓑ, ⓒ의 경우에는 간단히 다음처럼 생각해서 풀어도 된다.

분모(Denominator)와 문자가 다를 때는 일단 그냥 미분 (Differentiation)을 하고 미분한 것에 $\dfrac{dy}{dx}$, $\dfrac{dr}{dx}$, $\dfrac{d\theta}{dx}$ **등을 취한다.**

다음을 보자.

ⓐ $y = x^2$ 에서 y를 미분하면 1이고 x가 아닌 것을 미분했으므로 미분한 것에 $\dfrac{dy}{dx}$를 취한다.

그러므로, $\dfrac{dy}{dx} = 2x$.

ⓑ $r = 3\sin\theta$ 에서 $\dfrac{dr}{d\theta}$을 구하려면 r을 미분하면 1이고 미분한 것에 $\dfrac{dr}{d\theta}$을 취하면 $\dfrac{dr}{d\theta} = 3\cos\theta$ 가 된다. 이와 같이 알아 두는 것이 편할 때가 많다.

II. $\dfrac{d^2y}{dx^2}$, $\cdots$, $\dfrac{d^ny}{dx^n}$

여기에서 $\dfrac{d^2y}{dx^2} = \dfrac{d}{dx}\dfrac{dy}{dx}$임을 알아 두자. 또, $\dfrac{d^2y}{dx^2} = f''(x) = y''$임을 알아 두자.

III. $\dfrac{d^2y}{dx^2} = \dfrac{d}{dx}\dfrac{dy}{dx}$

$\Rightarrow$ ① $\dfrac{dy}{dx}$ 를 먼저 구한 다음

② $\dfrac{d}{dx}$ 를 구한다.

19. If $x^2 + x^3 y = 1$, then when $x = 1$, $\dfrac{dy}{dx}$ is

(A) -4 (B) -2 (C) 0 (D) 1

20. If $y = \arcsin(\cos x)$ and x is an acute angle, then $\dfrac{dy}{dx}$ is

(A) $-\tan x$ (B) $\tan x$ (C) $\cot x$ (D) -1

21. If $\dfrac{dy}{dt} = \sqrt{5 - y^2}$, then $\dfrac{d^2 y}{dt^2}$ is

(A) 1 (B) $-y$ (C) $\dfrac{1}{\sqrt{5 - y^2}}$ (D) $\sqrt{5 - y^2}$

22. If $f(x) = x^2 + 2x$ and $g(x) = \sin x$, then $(g \circ f)'$ is

(A) $-\sin(x^2 + 2x)$
(B) $-2(x + 1) \cdot \cos(2x + 2)$
(C) $2(x + 1) \cdot \cos(x^2 + 2x)$
(D) $\cos(x^2 + 2x)$

23. If $\sin(xy) = \ln(x)$, then $\dfrac{dy}{dx}$ is

(A) $\dfrac{y - xy\sin(xy)}{x \cdot \cos(xy)}$

(B) $\dfrac{xy - \cos(xy)}{x^2\cos(xy)}$

(C) $1 - \dfrac{y}{x \cdot \cos(xy)}$

(D) $\dfrac{1 - xy \cdot \cos(xy)}{x^2 \cdot \cos(xy)}$

x	$f(x)$	$f'(x)$	$g(x)$	$g'(x)$
1	-2	5	-3	1
2	3	2	-2	-5
3	1	4	2	2

24. The table above gives values of f, f', g, and g' at selected value of x. If $h(x) = (f \circ g)(x)$, then $h'(3)$ is

(A) -4 (B) 1   (C) 4   (D) 8

25. If $x^2 + y^2 = 5$, what is the value of $\dfrac{d^2y}{dx^2}$ at the point (2, 1)?

(A) -5 (B) -3 (C) 0   (D) $\dfrac{1}{4}$

Solution

19. (B)

$x = 1$이면 $y = 0$

$2xx' + 3x^2 x'y + x^3 y' = 1'$

$\Rightarrow 2x + 3x^2 y + x^3 \dfrac{dy}{dx} = 0$

$\Rightarrow 2 + \dfrac{dy}{dx} = 0$

$\therefore \dfrac{dy}{dx} = -2$

20. (D)

$y = \sin^{-1}(\cos x) \Rightarrow y' = \dfrac{1}{\sqrt{1 - \cos^2 x}} \cdot (\cos x)'$

$\Rightarrow y' = \dfrac{-\sin x}{\sqrt{\sin^2 x}} = \dfrac{-\sin x}{\sin x} = -1$

21. (B)

$\dfrac{d^2 y}{dt^2} = \dfrac{d}{dt}\dfrac{dy}{dt} = \dfrac{d}{dt}(5 - y^2)^{\frac{1}{2}} = \dfrac{dy}{dt}\dfrac{d}{dy}(5 - y^2)^{\frac{1}{2}}$

$= \dfrac{dy}{dt}\left(\dfrac{1}{2}(5 - y^2)^{-\frac{1}{2}} \cdot (-2y)\right) = \dfrac{dy}{dt}\left(\dfrac{-y}{\sqrt{5 - y^2}}\right)$

$= \sqrt{5 - y^2}\left(\dfrac{-y}{\sqrt{5 - y^2}}\right) = -y$

22. (C)

$(g \circ f)' = (g(f(x))' = g'(f(x)) \cdot f'(x)$

$f(x) = x^2 + 2x,\ f'(x) = 2x + 2,\ g(x) = \sin x,\ g'(x) = \cos x$

그러므로, $\cos(x^2 + 2x) \cdot (2x + 2)$

23. (D)

$\cos(xy) \cdot (xy)' = \dfrac{1}{x}$ 에서 $\cos(xy) \cdot (x'y + xy') = \dfrac{1}{x}$

$\Rightarrow \cos(xy) \cdot (y + x\dfrac{dy}{dx}) = \dfrac{1}{x}$

$\Rightarrow y + x\dfrac{dy}{dx} = \dfrac{1}{x \cdot \cos(xy)}$

$\Rightarrow x\dfrac{dy}{dx} = \dfrac{1 - yx \cdot \cos(xy)}{x \cdot \cos(xy)}$

$\Rightarrow \dfrac{dy}{dx} = \dfrac{1 - xy \cdot \cos(xy)}{x^2 \cos(xy)}$

24. (C)

$h(x) = f(g(x)) \Rightarrow h'(x) = f'(g(x)) \cdot g'(x)$
$\Rightarrow h'(3) = f'(g(3)) \cdot g'(3) = f'(2) \cdot g'(3) = 2 \cdot 2 = 4$

25. (A)

$\dfrac{d^2y}{dx^2} = \dfrac{d}{dx}\dfrac{dy}{dx}$ 에서 $\dfrac{dy}{dx}$ 를 먼저 구한다.

$2xx' + 2yy' = 5' \Rightarrow 2x + 2y\dfrac{dy}{dx} = 0 \Rightarrow \dfrac{dy}{dx} = -\dfrac{x}{y}$

$\Rightarrow \dfrac{d}{dx}\dfrac{dy}{dx} = -\dfrac{d}{dx}(\dfrac{x}{y}) = -\dfrac{x'y - xy'}{y^2}$

$= -\dfrac{y - x(-\dfrac{x}{y})}{y^2} = -\dfrac{y + \dfrac{x^2}{y}}{y^2} = -\dfrac{1 + 2^2}{1} = -5$

Topic 7 - The derivative of inverse function

$$(f^{-1})'(y) = \frac{1}{f'(x)}$$

$y = f(x)$에서 y로부터 x값을 찾는다

Exercise

x	$f(x)$	$f'(x)$
1	8	-2
2	5	-1
3	0	-4

26. The table above gives selected values for a differentiable function f and its derivative. If g is the inverse function of f, what is the value of $g'(5)$?

(A) -4　　　　　(B) -2　　　　　(C) -1　　　　　(D) 1

27. Let f be the function defined by $f(x) = x^2 + x + \ln x$. If $h(x) = f^{-1}(x)$ for all x and the point $(1, 2)$ is on the graph of f, what is the value of $h'(2)$?

(A) $\dfrac{1}{4}$　　　　　(B) $\dfrac{1}{2}$　　　　　(C) 1　　　　　(D) 4

 **Solution**

26. (C)

$$g'(5) = (f^{-1})'(5) = \frac{1}{f'(2)} = -1$$

27. (A)

$$h'(2) = (f^{-1})'(2) = \frac{1}{f'(1)} \text{ 에서 } f'(x) = 2x + 1 + \frac{1}{x}$$

$$\Rightarrow f'(1) = 2 + 1 + 1 = 4$$

그러므로, $h'(2) = \dfrac{1}{f'(1)} = \dfrac{1}{4}$

Topic 8 - Integral 계산

앞에서 "적분(Integral)은 미분(Differentiation)의 반대"라고 공부했다. 여기에서부터 기본적인 공식이 시작된다.

$$\frac{1}{2}x^2 + C \quad \xrightarrow[\text{적분(integral)}]{\text{미분(Differentiation)}} \quad x$$

즉, x를 적분하면 $\frac{1}{2}x^2 + C$ 가 된다.

$\Rightarrow \int x^1 dx \Rightarrow \frac{1}{1+1}x^{1+1} + C \Rightarrow$ 이를 공식화 시키면…

반드시 암기하자!

$$\int x^n dx = \frac{1}{n+1}x^{n+1} + C$$

Integral은 다음과 같은 성질들도 있다. 반드시 알아 두자.

반드시 암기하자!

$$\int (f(x) \pm g(x))dx = \int f(x)dx \pm \int g(x)dx$$

$$\int af(x)dx = a\int f(x)dx$$

다음의 간단한 예제들을 통해서 위의 공식들을 확실하게 해 두자.

① $\displaystyle\int (x^2 - 2x + 3)dx = \int x^2 dx - 2\int x dx + \int 3dx = \frac{1}{3}x^3 - 2 \cdot \frac{1}{2}x^2 + 3x + C$

$\left(\displaystyle\int 3dx = \int 3x^0 dx = 3 \times \frac{1}{0+1}x^{0+1} + C = 3x + C \quad \right)$

② $\displaystyle\int (x^5 - 2x^4 + 7)dx = \frac{1}{6}x^6 - \frac{2}{5}x^5 + 7x + C$

③ $\displaystyle\int (t^3 - 2t)dt = \frac{1}{4}t^4 - t^2 + C$

Integration Formulas

① $\displaystyle\int \sin x\, dx = -\cos x + C$ $\qquad (\cos x \xleftarrow[\text{Integration}]{\text{Differentiation}} -\sin x \quad$ or $\quad \cos x \rightleftarrows -\sin x)$

② $\displaystyle\int \cos x\, dx = \sin x + C$ $\qquad (\sin x \xleftarrow[\text{Integration}]{\text{Differentiation}} \cos x \quad$ or $\quad \sin x \rightleftarrows \cos x)$

③ $\displaystyle\int \sec^2 x\, dx = \tan x + C$ $\qquad (\tan x \xleftarrow[\text{Integration}]{\text{Differentiation}} \sec^2 x \quad$ or $\quad \tan x \rightleftarrows \sec^2 x)$

④ $\displaystyle\int \csc^2 x\, dx = -\cot x + C$ $\qquad (\cot x \xleftarrow[\text{Integration}]{\text{Differentiation}} -\csc^2 x \quad$ or $\quad \cot x \rightleftarrows -\csc^2 x)$

⑤ $\displaystyle\int \sec x \cdot \tan x\, dx = \sec x + C$ $\quad (\sec x \xleftarrow[\text{Integration}]{\text{Differentiation}} \sec x \tan x \quad$ or $\quad \sec x x \rightleftarrows \sec x \tan x)$

⑥ $\displaystyle\int \csc x \cdot \cot x\, dx = -\csc x + C$ $\quad (\csc x \xleftarrow[\text{Integration}]{\text{Differentiation}} -\csc x \tan x \quad$ or $\quad \csc x \rightleftarrows -\csc x \cot x)$

⑦ $\displaystyle\int \frac{1}{x}\, dx = \ln|x| + C$ $\qquad (\ln x \xleftarrow[\text{Integration}]{\text{Differentiation}} \frac{1}{x} \quad$ or $\quad \ln x \rightleftarrows \frac{1}{x})$

⑧ $\displaystyle\int e^x\, dx = e^x + C$ $\qquad (e^x \xleftarrow[\text{Integration}]{\text{Differentiation}} e^x \quad$ or $\quad e^x \rightleftarrows e^x)$

⑨ $\displaystyle\int a^x\, dx = \frac{a^x}{\ln a} + C$ $\qquad (a^x \xleftarrow[\text{Integration}]{\text{Differentiation}} a^x \ln a \quad$ or $\quad a^x \rightleftarrows a^x \ln a)$

⑩ $\displaystyle\int \frac{1}{\sqrt{1-x^2}}\, dx = \sin^{-1}x + C$

$\quad (\sin^{-1}x \xrightarrow[\text{Integration}]{\text{Differentiation}} \frac{1}{\sqrt{1-x^2}},\ -1 < x < 1 \quad$ or $\quad \sin^{-1}x \rightleftarrows \frac{1}{\sqrt{1-x^2}},\ -1 < x < 1)$

⑪ $\displaystyle\int \frac{1}{1+x^2}\, dx = \tan^{-1}x + C$

$\quad (\tan^{-1}x \xrightarrow[\text{Integration}]{\text{Differentiation}} \frac{1}{1+x^2} \quad$ or $\quad \tan^{-1}x \rightleftarrows \frac{1}{1+x^2})$

⑫ $\displaystyle\int \frac{1}{|x|\sqrt{x^2-1}}\, dx = \sec^{-1}x + C$

$\quad (\sec^{-1}x \xrightarrow[\text{Integration}]{\text{Differentiation}} \frac{1}{|x|\sqrt{x^2-1}},\ |x| > 1 \quad$ or $\quad \sec^{-1}x \rightleftarrows \frac{1}{|x|\sqrt{x^2-1}},\ |x| > 1)$

⑬ $\displaystyle\int \sec x\, dx = \ln|\sec x + \tan x| + C$

⑭ $\displaystyle\int \csc x\, dx = \ln|\csc x - \cot x| + C$

U-Substitution

Integral을 계산하는 데 있어서 가장 중요한 부분이다. 많은 학생들이 Integral을 계산할 때 사소한 부분을 자주 실수하는데 이는 무턱대고 공식 따라 해결하려고 하기 때문에 그런 일이 발생한다.

조금 귀찮더라도 다음에 소개하는 7가지가 눈에 보인다면 바로 "치환(Substitution)"을 하여야 한다.

〈치환을 해야 하는 7가지 규칙〉

① $\displaystyle\int \bullet \times \bigcirc \, dx$

(Example) $\displaystyle\int (x^3 + 2x - 3)(6x^2 + 4)dx$

(Solution)

$x^3 + 2x - 3$ 을 미분하면 $3x^2 + 2$이므로 $6x^2 + 4 = 2(3x^2 + 2)$ 와 미분 결과가 같다.

그러므로 $x^3 + 2x - 3 = u$ 라고 치환하고 양변을 x에 대해서 미분하면 $3x^2 + 2 = \dfrac{du}{dx}$.

그러므로, $dx = \dfrac{1}{3x^2 + 2}du$. 그러므로, $\displaystyle\int 2u(3x^2+2)\dfrac{1}{3x^2+2}du = 2\int u\,du = u^2 + C$,

$u = x^3 + 2x - 3$ 이므로 결과는 $(x^3 + 2x - 3)^2 + C$

② $\displaystyle\int \dfrac{\bigcirc}{\bullet} dx$

(Example) $\displaystyle\int \dfrac{t-1}{\sqrt{t^2 - 2t}}dt$

(Solution)

$t^2 - 2t$을 미분하면 $2t - 2 = 2(t-1)$ 이므로 $t^2 - 2t = u$ 라고 치환하고 양변을 t에 대해서 미분하면 $2t - 2 = \dfrac{du}{dt}$에서 $dt = \dfrac{1}{2(t-1)}du$ 이다.

그러므로, $\displaystyle\int \dfrac{t-1}{\sqrt{u}} \cdot \dfrac{1}{2(t-1)}du = \dfrac{1}{2}\int u^{-\frac{1}{2}}du = \dfrac{1}{2} \times \dfrac{1}{1 - \frac{1}{2}}u^{-\frac{1}{2}+1} + C = u^{\frac{1}{2}} + C$

$u = t^2 - 2t$이므로 결과는 $\sqrt{t^2 - 2t} + C$

③ $\int \bigcirc \times a^{\bullet} dx$

(Example) $\int \sin x \cdot e^{\cos x} dx$

(Solution)

$\cos x$를 미분하면 $-\sin x$ 이므로 $\cos x = u$ 라고 치환하고 양변을 x에 대해서 미분하면

$-\sin x = \dfrac{du}{dx}$에서 $dx = -\dfrac{1}{\sin x} du$ 이다. 그러므로,

$\int \sin x \times e^u \times (-\dfrac{1}{\sin x}) du = -\int e^u du = -e^u + C$ 이고 $u = \cos x$ 이므로 결과는 $-e^{\cos x} + C$

④ $\int \bigcirc \cdot \sin \bullet \, dx$

(Example) $\int (x-3) \cdot \sin(x^2 - 6x) dx$

(Solution)

$x^2 - 6x$를 미분하면 $2x - 6 = 2(x-3)$이므로 $x^2 - 6x = u$라고 치환하고 양변을 x에 대해서 미분하면 $2x - 6 = \dfrac{du}{dx}$에서 $dx = \dfrac{1}{2(x-3)} du$이다.

그러므로, $\int (x-3) \times \sin u \times \dfrac{1}{2(x-3)} du = \dfrac{1}{2} \int \sin u \, du = -\dfrac{1}{2} \cos u + C$ 이고

$u = x^2 - 6x$ 이므로 결과는 $-\dfrac{1}{2} \cos(x^2 - 6x) + C$

⑤ $\int \dfrac{\bigcirc}{1 + \bullet^2} dx, \quad \int \dfrac{\bigcirc}{1 - \bullet^2} dx$

(Example) $\int \dfrac{15x^2}{1 + (5x^3)^2} dx$

(Solution)

$5x^3$를 미분하면 $15x^2$이므로 $5x^3 = u$ 라고 치환하고 양변을 x에 대해서 미분하면

$15x^2 = \dfrac{du}{dx}$에서 $dx = \dfrac{1}{15x^2} du$ 이다.

그러므로, $\int \dfrac{15x^2}{1 + u^2} \cdot \dfrac{1}{15x^2} du = \tan^{-1} u + C$ 이므로 결과는 $\tan^{-1} 5x^3 + C$

⑥ $\int (일차식)^n dx$

(Example) $\int (7x-5)^5 dx$

> (Solution)
>
> $7x-5=u$ 라고 치환하고 양변을 x에 대해서 미분하면 $7=\dfrac{du}{dx}$에서 $dx=\dfrac{1}{7}du$이므로
>
> $\dfrac{1}{7}\int u^5 du = \dfrac{1}{7}\times\dfrac{1}{6}u^6 + C = \dfrac{1}{42}u^6 + C$, $u=7x-5$ 이므로 결과는 $\dfrac{1}{42}(7x-5)^6 + C$

⑦ ax꼴은 치환!

(Example) $\int \dfrac{3}{\sqrt{1-(5x)^2}}dx$

> (Solution)
>
> $5x=u$라고 치환하고 양변을 x에 대해서 미분하면 $5=\dfrac{du}{dx}$에서 $dx=\dfrac{1}{5}du$이므로
>
> $\int \dfrac{3}{\sqrt{1-u^2}} \cdot \dfrac{1}{5}du = \dfrac{3}{5}\int \dfrac{1}{\sqrt{1-u^2}}du = \dfrac{3}{5}\sin^{-1}u + C$ 이고 $u=5x$이므로
>
> 결과는 $\dfrac{3}{5}\sin^{-1}5x + C$

"U-Substitution"의 Integration 문제를 푸는 데 있어서 많은 학생들이 다음을 빨리 찾아내지 못하는 것 같아서 다음과 같이 정리해보았다.

> ### 잘 보이지 않는 Derivative 결과
>
> $\sin^{-1}x \implies$ (Derivative) $\implies \dfrac{1}{\sqrt{1-x^2}}$
>
> $\tan^{-1}x \implies$ (Derivative) $\implies \dfrac{1}{1+x^2}$
>
> $\sin^2 x \implies$ (Derivative) $\implies \sin 2x$
>
> $\cos^2 x \implies$ (Derivative) $\implies -\sin 2x$
>
> $\sqrt{x} \implies$ (Derivative) $\implies \dfrac{1}{2\sqrt{x}}$
>
> $\dfrac{1}{x} \implies$ (Derivative) $\implies -\dfrac{1}{x^2}$
>
> $\ln x \implies$ (Derivative) $\implies \dfrac{1}{x}$

뻔히 알고 있는 결과인데도 Integration 문제를 풀다가 보면 특히 위의 다섯 가지가 눈에 확 안 들어올 때가 많다.

Definite Integrals

"Indefinite Integrals"와는 달리 "Definite Integrals"에서는 범위가 주어지게 되므로 다음과 같은 규칙들이 나오게 된다. 읽어보면 너무 뻔한 이야기 같지만 중요한 것은 **이 규칙들을 모두 암기!** 해야 한다는 사실~!!

반드시 암기하자!

① $\displaystyle\int_a^b f(x)dx = F(b) - F(a)$

② $\displaystyle\int_a^a f(x)dx = 0$

③ $\displaystyle\int_a^b f(x)dx = \int_a^c f(x)dx + \int_c^b f(x)dx$: 모두 $f(x)$로 같을 때

④ $\displaystyle\int_a^b f(x)dx = -\int_b^a f(x)dx$

Exercise

28. $\int_{-1}^{1} \frac{|x|}{x} dx =$

   (A) -1 (B) 0   (C) 1   (D) $\frac{1}{2}$

29. $\int \left(\frac{1}{x} \int_{1}^{x} \frac{1}{t} dt \right) dx =$

   (A) $\frac{1}{2}(\ln x)^2 + C$

   (B) $(\ln x)^2 + C$

   (C) $\frac{1}{2}\ln x + C$

   (D) $\frac{1}{x}$

30. $\int \frac{1}{\sqrt{16 - t^2}} dt =$

   (A) $\frac{1}{4}\sin^{-1}\left(\frac{t}{4}\right) + C$

   (B) $\frac{1}{4}\sin^{-1}t + C$

   (C) $\sin^{-1}t + C$

   (D) $\sin^{-1}\left(\frac{t}{4}\right) + C$

31. $\displaystyle\int_{0}^{\frac{\pi}{3}} \sec^2 x\, e^{\tan x}\, dx =$

(A) $e^{\sqrt{3}}$

(B) $e^{\sqrt{3}} - 1$

(C) $e^{\sqrt{3}} + 1$

(D) $e^3 + C$

32. If f is a continuous function and if $F'(x) = f(x)$ for all real numbers x, then $\displaystyle\int_{2}^{4} f(5x)\, dx =$

(A) $\dfrac{1}{5}F(2) - \dfrac{1}{5}F(0)$

(B) $F(4) - F(2)$

(C) $\dfrac{1}{5}F(4) - \dfrac{1}{5}F(2)$

(D) $\dfrac{1}{5}F(20) \quad \dfrac{1}{5}F(10)$

33. $\dfrac{d}{dx}\displaystyle\int_{0}^{x^2} \cos(t)\, dt =$

(A) $2x^2\cos(x)$

(B) $x\cos(x)$

(C) $2x\cos(x)$

(D) $2x\cos(x^2)$

34. $\int \dfrac{x^2}{x^2+1} dx =$

(A) $x - \tan^{-1}x + C$

(B) $x^2 + C$

(C) $\tan^{-1}(1+x^2) + C$

(D) $\ln|x^2+1| + \dfrac{1}{3}x^3 + C$

35. If $\displaystyle\int_0^1 f(x)dx = 3$ and $\displaystyle\int_4^0 f(x)dx = 5$, then $\displaystyle\int_1^4 (2f(x)+2)dx =$

(A) -10 (B) -8 (C) 2 (D) 4

⚠ Solution

28. (B)

$$\int_{-1}^{1} \frac{|x|}{x} dx = \int_{-1}^{0} (-1)dx + \int_{0}^{1} (1)dx = [-x]_{-1}^{0} + [x]_{0}^{1}$$

$$= (0-1) + (1-0) = 0$$

29. (A)

① $\int_{1}^{x} \frac{1}{t} dt = [\ln t]_{1}^{x} = \ln x$

② $\int \frac{1}{x} \cdot \ln x \, dx \implies \ln x = u, \ \frac{1}{x} = \frac{du}{dx}$

$\implies \int \frac{1}{x} \cdot u \cdot x \, du = \int u \, du = \frac{1}{2} u^2 + C$

$\therefore \ \frac{1}{2} (\ln x)^2 + C$

30. (D)

$$\int \frac{1}{\sqrt{16(1-(\frac{1}{4}t)^2)}} dt \text{에서} \ \frac{1}{4}t = u, \ \frac{1}{4} = \frac{du}{dt}$$

$$\implies \frac{1}{4} \int \frac{1}{\sqrt{1-u^2}} \cdot 4 du = \int \frac{1}{\sqrt{1-u^2}} du = \sin^{-1}u + C$$

$$\therefore \ \sin^{-1}(\frac{1}{4}t) + C$$

31. (B)

$$\tan x = u, \ \sec^2 x = \frac{du}{dx}$$

$$\int_{0}^{\sqrt{3}} \sec^2 x \cdot e^u \frac{du}{\sec^2 x} \implies \int_{0}^{\sqrt{3}} e^u du$$

$$\implies [e^u]_{0}^{\sqrt{3}} = e^{\sqrt{3}} - 1$$

32. (D)

$5x = u$, $5 = \dfrac{du}{dx}$

$\dfrac{1}{5}\displaystyle\int_{10}^{20} f(u)du = \dfrac{1}{5}(F(20) - F(10)) = \dfrac{1}{5}F(20) - \dfrac{1}{5}F(10)$

33. (D)

$\cos(t) = f(t)$라고 하면,

$\displaystyle\int_{0}^{x^2} f(t)dt = F(x^2) - F(0)$

$\dfrac{d}{dx}(F(x^2) - F(0)) = 2xf(x^2) = 2x \cdot \cos x^2$

34. (A)

$\displaystyle\int \dfrac{x^2}{x^2+1}dx = \int \dfrac{x^2+1-1}{x^2+1}dx = \int(1 - \dfrac{1}{1+x^2})dx = x - \tan^{-1}x + C$

35. (A)

$\displaystyle\int_{0}^{1} f(x)dx + \int_{4}^{0} f(x)dx = \int_{4}^{1} f(x)dx = 8 \implies \int_{1}^{4} f(x)dx = -8$

$\implies \displaystyle\int_{1}^{4}(2f(x) + 2)dx = 2\int_{1}^{4} f(x)dx + \int_{1}^{4} 2dx$

$= 2(-8) + [2x]_{1}^{4} = -16 + (8-2) = -10$

Topic 9 - Graph

AP Calculus AB & BC 시험에서는 Graph의 유추만 출제가 되고 그리는 것은 거의 출제가 되지 않는다. 대부분의 Graph는 정확하게 그리기가 어렵다. 다음에서 소개하는 Graph들 또한 정확하게 그린다기보다는 어느 정도 비슷하게 추정을 하는 것이다.

Graph의 추정 방법

① f Graph가 Increasing $\Rightarrow$ f'은 Positive
② f Graph가 Decreasing $\Rightarrow$ f'은 Negative

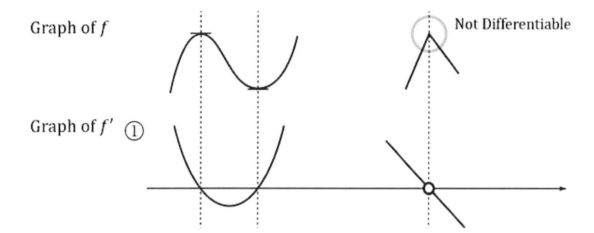

Graph of f

Not Differentiable

Graph of f' ①

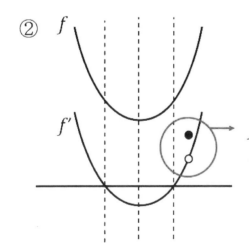

② f

f'

f가 differentiable하므로 f'이 존재한다.
그러나 f'은 continuous하지 않을 수 있다.
이해를 돕고자 이와 같이 좀 오버해서 그렸지만
실제로 이와 같은 그림은 거의 그려지지 않는다.

※ 실제로, ②와 같은 그래프는 그려지지 않는다. 여기서 말하고자 하는 것은 "함수 f가 $x = a$에서 differentiable 하다고 해서 f'이 $x = a$에서 항상 연속임을 의미하지 않는다는 것이다."

그러면, 언제 "함수 f가 $x=a$에서 differentiable 하지만 f'이 $x=a$에서 continuous 하지 않을까?" 다음의 예를 살펴보자.

$$f(x) = \begin{cases} x^2\sin\dfrac{1}{x} & (x \neq 0) \\ 0 & (x = 0) \end{cases}$$

⇒ ① $\lim\limits_{x\to 0} f(x) = f(0)$ 이므로 f는 $x=0$에서 continuous 하다.

⇒ ② $f'(x) = 2x\sin\dfrac{1}{x} - (\cos\dfrac{1}{x})$. $\lim\limits_{x\to 0+} f'(x)$ and $\lim\limits_{x\to 0-} f'(x)$는 진동하므로 $\lim\limits_{x\to 0} f'(x) = f'(0)$인지 확신할 수 없다. 일반적인 것은 아니지만, 이와 같은 사례가 있음을 이해하고 있어야 한다.

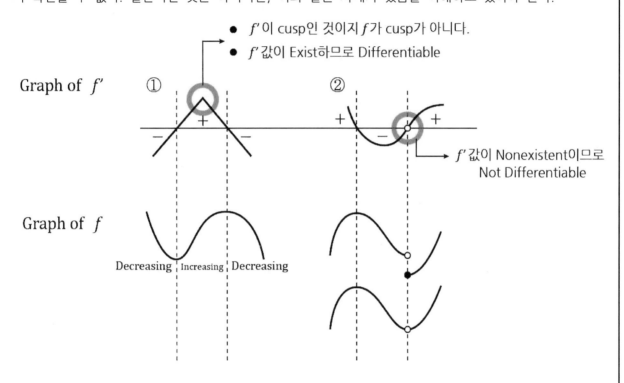

● f'이 cusp인 것이지 f가 cusp가 아니다.
● f'값이 Exist하므로 Differentiable

Graph of f'　　①　　　　　　　　②

f'값이 Nonexistent이므로
Not Differentiable

Graph of f

Decreasing Increasing Decreasing

②번의 그림에서와 같이 f'값이 Nonexistent하여 "Not Differentiable"일 때에는
그림과 같이 f의 Graph를 여러 가지로 생각해 볼 수 있다.

Polynomial Function Graph 그리기

I. Polynomial function이란?

$y = ax^n + bx^{n-1} + cx^{n-2} + \cdots + z \cdots$ 와 같이 생긴 Function $\cdots$
Polynomial function은 그 모양이 어느 정도 정해져 있다.

다음과 같이 알아 두자.
$y = ax^n + bx^{n-1} + cx^{n-2} + \cdots + z \cdots$ 에서

	$a > 0$ (오른쪽 끝이 위로)	$a < 0$ (오른쪽 끝이 아래로)
① $y = ax$	$a > 0$	$a < 0$
② $y = ax^2 + bx + c$	$a > 0$	$a < 0$
③ $y = ax^3 + bx^2 + cx + d$	$a > 0$	$a < 0$
④ $y = ax^4 + bx^3 + cx^2 + dx + e$	$a > 0$	$a < 0$

II. Polynomial Function Graph 그리기

예를 들어, $f(x) = (x-1)(x-2)^2(x-3)^3(x-4)^4$의 개형을 그려서 부분적으로 자세히 보면 다음과 같다.

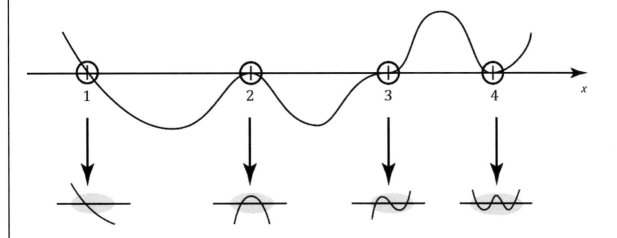

위의 그림에서 보는 것처럼 $f(x) = (\quad)^n$에서 n이 Even이면 x축에 접(tangent)하고 n이 Odd이면 x축을 지난다.

Graph 총정리

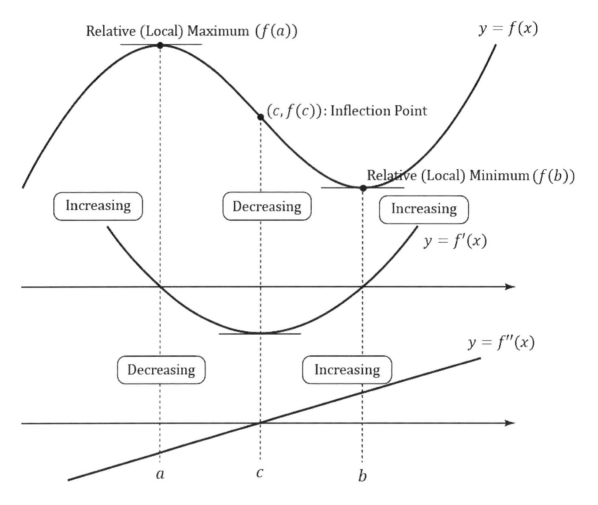

$y = f(x)$, $y = f'(x)$, $y = f''(x)$의 Graph를 보면서 알 수 있는 것들을 정리해보면, 다음과 같다. 너무나 중요한 내용이니 그림과 함께 숙달될 때까지 여러 번 써보면서 암기하도록 한다.

다음의 내용은 너무나 중요하다!

(1) Relative Maximum $f(a)$
① $f'(x)$가 Positive에서 Negative로 바뀌는 점.
② $f'(x) = 0$ 이면서 $f''(x) < 0$인 점.

(2) Relative Minimum $f(b)$
① $f'(x)$가 Negative에서 Positive로 바뀌는 점.
② $f'(x) = 0$ 이면서 $f''(x) > 0$인 점.

---

(3) Inflection Point $(c, f(c))$
- $y = f(x)$의 Graph의 Concavity가 바뀌는 점.
- The slope of the tangent line의 변화가 급격하게 일어나는 점.
① $f'(x)$가 Decreasing에서 Increasing으로 바뀌는 점.
   또는 Increasing에서 Decreasing으로 바뀌는 점.
② $f''(x)$의 부호가 바뀌는 점.

(4) Concave up
① $f'(x)$이 Increasing 하는 구간.
② $f''(x) > 0$인 구간, 즉, x값의 범위.

(5) Concave down
① $f'(x)$이 Decreasing 하는 구간.
② $f''(x) < 0$인 구간, 즉, x값의 범위.

(6) $y = f(x)$가 Increasing 하는 구간
① $f'(x) > 0$ 인 구간.

(7) $y = f(x)$가 Decreasing 하는 구간
① $f'(x) < 0$ 인 구간.

Exercise

36. If $f''(x) = (x-1)^2 \cdot x \cdot (x+1)^3$, then the graph of $f(x)$ has inflection point(s) when $x =$

(A) -1 and 0 (B) 0 and 1 (C) -1 and 1 (D) -1, 0, and 1

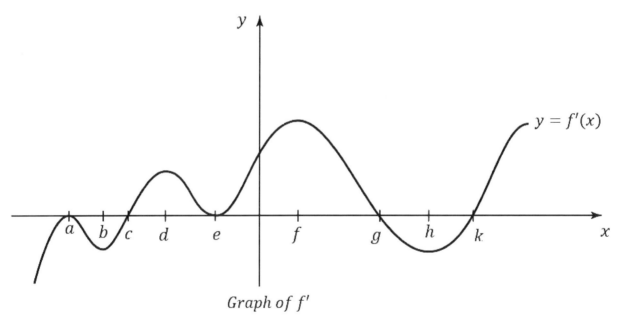

Graph of f'

37. The graph of f', the derivative of f is shown in the figure above. Which of the following must be true?

    (A) f has relative maxima at $x = c$ and k.
    (B) f has four inflection points.
    (C) f has relative minima at $x = e$ and g.
    (D) f has two relative minima and one relative maximum.

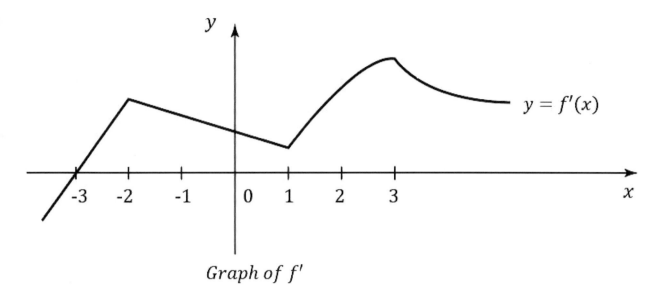

Graph of f'

38. The graph of f', the derivative of f is shown in the figure above. Which of the following statements is true about f?

(A) f is not differentiable at $x = -2$, 1, and 3.
(B) f is decreasing for $-2 < x < 1$.
(C) f is both increasing and concave up for $1 < x < 3$.
(D) f has a local minimum at $x = 1$.

39. The function f has the property that $f(x) > 0$, $f'(x) > 0$, and $f''(x) > 0$ for all real values x. Which of the following could be the graph of f?

(A)

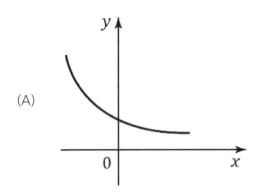

(B)

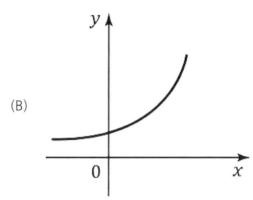

(C)

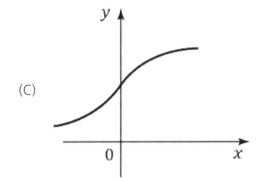

(D)

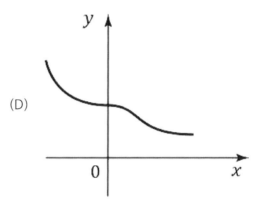

40. The function f has the property that $f'(x) < 0$ and $f''(x) > 0$ for all x in the closed interval $[1, 4]$. Which of the following could be a table of values for f?

(A)

x	$f(x)$
1	10
2	5
3	3
4	2

(B)

x	$f(x)$
1	10
2	9
3	7
4	2

(C)

x	$f(x)$
1	10
2	11
3	12
4	13

(D)

x	$f(x)$
1	2
2	7
3	9
4	10

Solution

36. (A)

f'' graph를 그려보면 대략 다음과 같다.

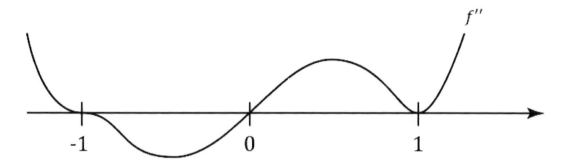

즉, f''의 sign change가 발생하는 점은 $x=-1, 0$이므로 f의 inflection point는 $x=-1$과 $x=0$에서 발생한다.

37. (D)

• f' graph가 increasing에서 decreasing 또는 decreasing에서 increasing으로 바뀌는 점에서 f graph는 inflection point가 생기므로 주어진 f' graph로부터 f는 $x=a, b, d, e, f, h$에서 inflection point를 갖는다는 것을 알 수 있다.

• f' graph가 positive에서 negative로 바뀌는 점에서 f graph는 relative maximum이 생기므로 f는 $x=g$에서 relative maximum을 갖게 된다.

38. (C)

• f' graph가 increasing 하는 구간에서 f graph는 concave up이고 f' graph가 decreasing 하는 구간에서 f graph는 concave down이다.

$f'>0$인 x의 구간에서 f는 increasing하고 $f'<0$인 x의 구간에서 f는 decreasing 한다. 그러므로, $1<x<3$에서 f는 increasing 하면서 concave up이 된다. 정답은 (C).

(A) $x=-2, 1, 3$에서 f' 값이 존재하므로 f는 differentiable.

(B) $-2<x<1$에서 $f'>0$이므로 f는 increasing 한다.

(D) f는 f'이 negative에서 positive로 바뀌는 점에서 local minimum을 가지므로 주어진 f' graph로부터 알 수 있는 것은 f는 $x=-3$일 때 local minimum을 갖는다는 것이다.

39. (B)

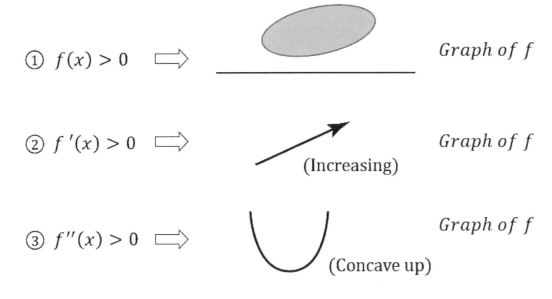

① $f(x) > 0$ ⇨ ___ *Graph of f*

② $f'(x) > 0$ ⇨ (Increasing) *Graph of f*

③ $f''(x) > 0$ ⇨ (Concave up) *Graph of f*

그러므로, 위의 ①, ②, ③ 모두를 만족할 수 있는 Graph는 (B)번.

40. (A)

$f'(x) < 0$이고 $f''(x) > 0$이면 f Graph는 decreasing 하면서 concave up이다.
즉, f 는 다음과 같은 Graph가 된다.

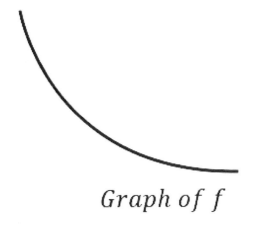

Graph of f

위와 같은 f graph 위에 있을 수 있는 값은 (A)번 Table이다.

Topic 10 - Related Rates

변화율을 구하는 단원이다. 비교적 문장이 긴 문제들을 풀어야 하는 경우가 많은데 알고 보면 생각보다 쉽다.

⇒ 변화율이란?
  "짧은 시간 동안 일어나는 부피(Volume), 길이(Length), 반지름(Radius), ⋯ 등의 변화 비율"

다음과 같이 구한다.

① 구하고자 하는 목적이 무엇인지 파악한다.
(거의 문장 끝에 나온다. 길이의 변화율⋯, 부피의 변화율⋯)
② 구하고자 하는 주제에 대해서 식을 세운다.

(예를 들어, 원의 면적이면 $A = \pi r^2$, 구의 부피이면 $V = \frac{4}{3}\pi r^3$ ⋯ 등등 ⋯)

③ 양변을 시간 t에 대해서 미분(Derivative). 즉, 양변에 $\frac{d}{dt}$를 취한다.

④ 문장 중에 필요한 수치는 다 준다. 그대로 대입만 하면 된다.

⚡ Exercise

41. The radius of a circle is increasing at a constant rate of 2 meters per second. What is the rate of increase in the area of the circle at the instant when circumference of the circle is 100π meters?

(A) $100\pi\,\mathrm{m^2/sec}$ (B) $200\pi\,\mathrm{m^2/sec}$ (C) $400\pi\,\mathrm{m^2/sec}$ (D) $800\pi\,\mathrm{m^2/sec}$

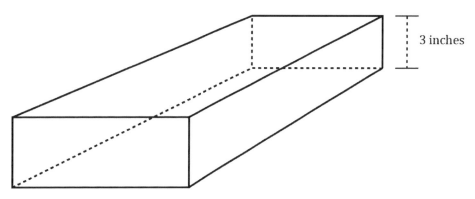

3 inches

42. In the rectangular prism above, the height is 3inch. Its length increases at the rate of 2in/sec, its width increases at the rate of 3in/sec. When the length is 6inch and the width is 12inch, the rate, in cubic inches per second, at which the volume of the rectangular prism is changing is

(A) 48 (B) 96 (C) 126 (D) 154

43. A man stands on the road 30 meters north of the crossing and watches an westbound car traveling at 15 meters per second. At hour many meters per second is the car moving away from the student 12 seconds after it passes through the intersection? (A road track and a road cross at right angles)

(A) 11.346   (B) 14.796   (C) 20.174   (D) 23.667

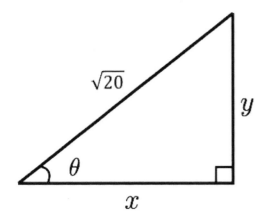

44. In the triangle shown above, if θ increases at a constant rate of 3 radians per second, at what rate is y increasing in units per second when y equals $\sqrt{13}$ units?

(A) $3\sqrt{7}$ (B) $\dfrac{\sqrt{7}}{\sqrt{20}}$ (C) $3\sqrt{13}$ (D) $\dfrac{\sqrt{13}}{\sqrt{20}}$

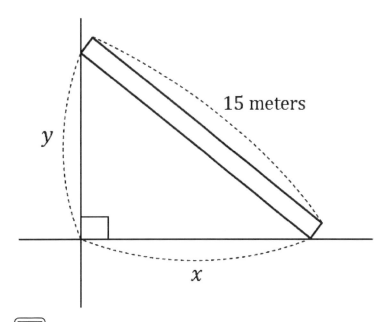

45. In the figure above, a 15 meters long ladder is leaning against a wall and is sliding towards the floor. The very bottom of the ladder is sliding away from base of the wall at a rate of 5 m/sec. If the top of the ladder is vertically 4 meters away from the ground, what is the rate of change of the distance between the top of the ladder and the bottom?

(A) -20.245 m/sec

(B) -18.071 m/sec

(C) -15.349 m/sec

(D) -13.226 m/sec

💡 Solution

41. (B)
Circle의 Area를 A라 하면,

① Topic : $\dfrac{dA}{dt}$

② Equation : $A = \pi r^2$

③ $\dfrac{d}{dt}$: $\dfrac{dA}{dt} = 2\pi r \dfrac{dr}{dt}$

④ • $100\pi = 2\pi r$에서 $r = 50$

　　• $\dfrac{dr}{dt} = 2\,\mathrm{m/sec}$

그러므로, $\dfrac{dA}{dt} = 2\pi \times 50 \times 2 = 200\pi\ \mathrm{m^2/sec}$

42. (C)

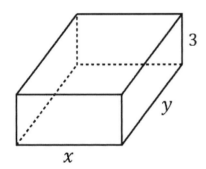

Rectangular Prism의 Volume을 V라고 하면,

① Topic : $\dfrac{dV}{dt}$

② Equation : $V = 3xy$

③ $\dfrac{d}{dt}$: $\dfrac{dV}{dt} = 3x'y + 3xy' = 3y\dfrac{dx}{dt} + 3x\dfrac{dy}{dt}$

④ $\dfrac{dx}{dt} = 2,\ \dfrac{dy}{dt} = 3,\ x = 6,\ y = 12$이므로 $\dfrac{dV}{dt} = 3 \times 12 \times 2 + 3 \times 6 \times 3 = 126$

43. (B)

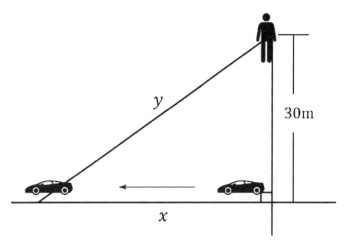

① Topic : $\dfrac{dy}{dt}$

② Equation : $y^2 = x^2 + 30^2$

③ $\dfrac{d}{dt}$: $2y\dfrac{dy}{dt} = 2x\dfrac{dx}{dt}$

④ $x = 15 \times 12 = 180$, $y^2 = 180^2 + 30^2 \implies y \approx 182.483$

그러므로, $(2 \times 182.483)\dfrac{dy}{dt} = 2 \times 180 \times 15$에서 $\dfrac{dy}{dt} = 14.796$

44. (A)

① Topic : $\dfrac{dy}{dt}$

② Equation : $\sin\theta = \dfrac{y}{\sqrt{20}}$

③ $\dfrac{d}{dt}$: $(\cos\theta)\dfrac{d\theta}{dt} = \dfrac{1}{\sqrt{20}}\dfrac{dy}{dt}$

④ $\dfrac{d\theta}{dt} = 3$, $y = \sqrt{13}$, $x = \sqrt{7}$, $\cos\theta = \dfrac{\sqrt{7}}{\sqrt{20}}$

그러므로, $\dfrac{\sqrt{7}}{\sqrt{20}} \times 3 = \dfrac{1}{\sqrt{20}}\dfrac{dy}{dt}$ 에서 $\dfrac{dy}{dt} = 3\sqrt{7}$

45. (B)

① Topic : $\dfrac{dy}{dt}$

② Equation : $x^2 + y^2 = 15^2$

③ $\dfrac{d}{dt}$: $2x\dfrac{dx}{dt} + 2y\dfrac{dy}{dt} = 0$

④ $y = 4$, $\dfrac{dx}{dt} = 5$, $x^2 + y^2 = 15^2 \implies x^2 + 16 = 225 \implies x \approx 14.457$

그러므로, $2 \times 14.457 \times 5 + (2 \times 4)\dfrac{dy}{dt} = 0 \implies \dfrac{dy}{dt} \approx -18.071\,\mathrm{m/sec}$

Topic 11 - Motion

Position, $P(t)$ $\xrightleftharpoons[\text{Integral}]{\text{Differentiation}}$ Velocity, $V(t)$ $\xrightleftharpoons[\text{Integral}]{\text{Differentiation}}$ Acceleration, $A(t)$

$\qquad\qquad f(t) \qquad\qquad\qquad\qquad\qquad\qquad f'(t) \qquad\qquad\qquad\qquad\qquad\qquad f''(t)$

① Speed = | Velocity |

② Total Distance = $\displaystyle\int_a^b |\text{Velocity}|\,dt = \int_a^b (\text{Speed})\,dt$

③ $\begin{cases} P(b) - P(a) = \displaystyle\int_a^b V(t)\,dt \\[2mm] f(b) - f(a) = \displaystyle\int_a^b f'(t)\,dt \end{cases}$

$\begin{cases} V(b) - V(a) = \displaystyle\int_a^b A(t)\,dt \\[2mm] f'(b) - f'(a) = \displaystyle\int_a^b f''(t)\,dt \end{cases}$

④ • Speed Increasing : Velocity와 Acceleration의 Sign이 같을 때
   • Speed Decreasing : Velocity와 Acceleration의 Sign이 다를 때

Topic 11에서는 AP Calculus AB와 BC의 공통 내용만 다루었다. AP Calculus BC의 Motion은 뒤에 나오는 Free Response Questions Topic 정리 "5. Motion"에서 다루었다.

Exercise

46. The acceleration a of a particle moving in a straight line is given in terms of time t by $a(t)=6-4t$. If the velocity of the particle is 4 at $t=1$ and if $s(t)$ is the distance of the particle from the origin at time t, what is $s(2)-s(0)$?

(A) $\dfrac{20}{3}$　　　　　(B) $\dfrac{10}{3}$　　　　　(C) $\dfrac{7}{3}$　　　　　(D) 2

47. The velocity of a particle moving on the line of $x-$axis is given as $v(t)=e^t+t$. At time $t=0$, the $x-$coordinate of this particle is $x(0)=3$. If time $t=2$, what is the $x-$coordinate of this particle?

(A) e^2　　　　(B) $4+e^2$　　　　(C) $4+2e^2$　　　　(D) $6+4e^2$

48. A particle moves along the $x-$axis so that at time $t\geq 0$, its position is given by $x(t)=2t^3-21t^2+72t-10$. What is the time interval at which the speed of this particle increases.

(A) $0<t<3$　　　(B) $3<t<3.5$　　　(C) $3.5<t<4$　　　(D) $3<t<4$

Solution

46. (A)

$v(t) = \displaystyle\int (6-4t)dt = 6t - 2t^2 + C$ 에서 $v(1) = 4 = 6 - 2 + C, \ C = 0$

$v(t) = 6t - 2t^2$

$= \begin{cases} s(2) - s(0) = \displaystyle\int_0^2 v(t)dt = \int_0^2 (6t - 2t^2)dt = \left[3t^2 - \dfrac{2}{3}t^3 \right]_0^2 = 12 - \dfrac{16}{3} = \dfrac{20}{3} \\[4mm] f(2) - f(0) = \displaystyle\int_0^2 f'(t)dt \end{cases}$

47. (B)

$\begin{cases} x(2) - x(0) = \displaystyle\int_0^2 v(t)dt \\[4mm] f(2) - f(0) = \displaystyle\int_0^2 f'(t)dt \end{cases}$

$\Rightarrow x(2) = x(0) + \displaystyle\int_0^2 (e^t + t)dt = 3 + \left[e^t + \dfrac{1}{2}t^2 \right]_0^2 = 3 + e^2 + 2 - 1 = 4 + e^2$

48. (B)

Velocity를 $V(t)$, Acceleration을 $A(t)$라고 하면,

$V(t) = 6t^2 - 42t + 72$, $A(t) = 12t - 42$

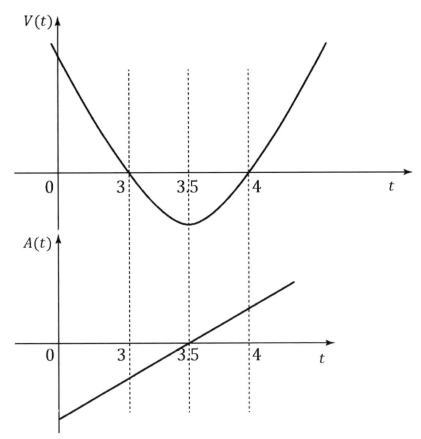

위의 그림에서 보는 바와 같이 $3 < t < 3.5$, $t > 4$에서 velocity와 acceleration의 sign이 같으므로 speed가 increasing 한다.

Topic 12 - Area & Volume

① Area

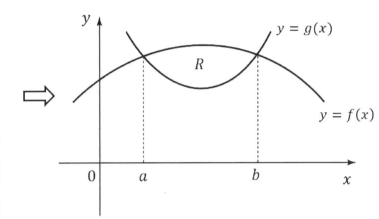

$$R = \int_a^b (f(x) - g(x))dx$$

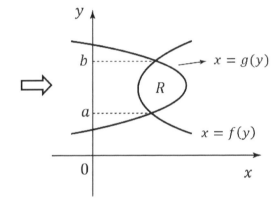

$$R = \int_a^b (g(y) - f(y))dy$$

② Volume

(1) Cross Section Volume

① Volume $= \displaystyle\int_a^b (Cross\ Section\ Area)dx$

Square	Equilateral	Semicircle

$$= \int_a^b (\quad \square \atop y \quad \triangle \atop y \quad \overset{\frown}{} \atop y \quad)dx$$

$$= y^2 \qquad = \frac{\sqrt{3}}{4}y^2 \qquad = \frac{\pi}{8}y^2$$

② Volume $= \displaystyle\int_a^b (\textit{Cross Section Area})dy$

$$= \int_a^b (\quad\square\quad\triangle\quad\frown\quad)dy$$

Square   Equilateral   Semicircle

x x x

$= x^2$ $= \dfrac{\sqrt{3}}{4}x^2$ $= \dfrac{\pi}{8}x^2$

(2) Revolution

① Washer

⇒ x축 회전

Volume $= \pi\displaystyle\int_a^b (y_1{}^2 - y_2{}^2)dx$

⇒ y축 회전

Volume $= \pi\displaystyle\int_a^b (x_1{}^2 - x_2{}^2)dy$

② Shell Method

⇒ x축 회전

Volume $= 2\pi\displaystyle\int_a^b xy\,dy$

⇒ y축 회전

Volume $= 2\pi\displaystyle\int_a^b xy\,dx$

? Exercise

49. The base of a solid is the region enclosed by a triangle whose vertices are $(0, 0)$, $(2, 0)$, and $(0, 1)$. For this solid, each cross section perpendicular to the y−axis is a rectangle whose height is 2 times the length of its base. What is the volume of the solid?

(A) $\dfrac{4}{3}$　　　　　(B) $\dfrac{8}{3}$　　　　　(C) 3　　　　　(D) $\dfrac{10}{3}$

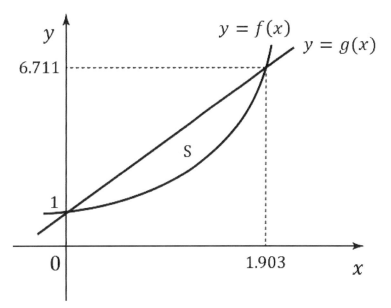

50. Let f and g be the functions given by $f(x) = e^x$ and $g(x) = 3x + 1$. Let S be the region in the first quadrant enclosed by the graphs of f and g as shown in the figure above. What is the volume of the solid generated when S is revolved about the horizontal line $y = -1$?

(A) 14.715　　　　(B) 22.342　　　　(C) 34.138　　　　(D) 46.229

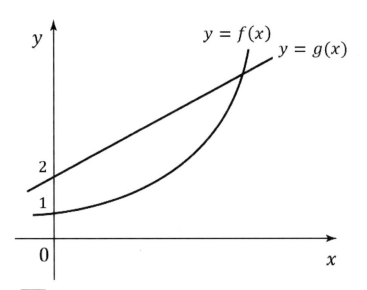

51. Let f and g the functions given by $f(x) = e^x$ and $g(x) = x + 2$. Let S be the region in the first quadrant enclosed by the graphs of f and g as shown in the figure above. The region S is the base of a solid. For this solid, the cross sections perpendicular to the x-axis are equilaterals with diameters extending from $y = f(x)$ to $y = g(x)$. What is the volume of this solid?

(A) 0.285   (B) 0.524   (C) 0.659   (D) 0.887

 Solution

49. (B)

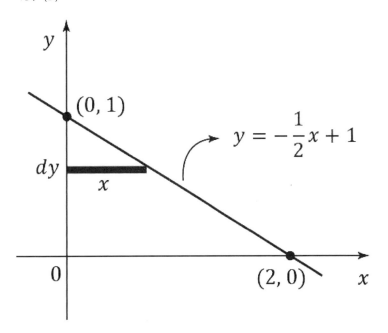

$$\text{Volume} = \int_0^1 (\boxed{}\,2x)dy = \int_0^1 2x^2\,dy$$

$\Rightarrow y = -\dfrac{1}{2}x + 1$에서 $x = 2 - 2y$이므로

$\text{Volume} = 2\displaystyle\int_0^1 (2-2y)^2\,dy,\ \ 2-2y = u,\ -2 = \dfrac{du}{dy}$

$\Rightarrow 2\displaystyle\int_2^0 u^2\left(-\dfrac{1}{2}\right)du = \int_0^2 u^2\,du = \left[\dfrac{1}{3}u^3\right]_0^2 = \dfrac{8}{3}$

50. (D)

회전축을 y축으로 $+1$만큼 이동시켜 회전축이 $x-$axis가 되도록 한다.

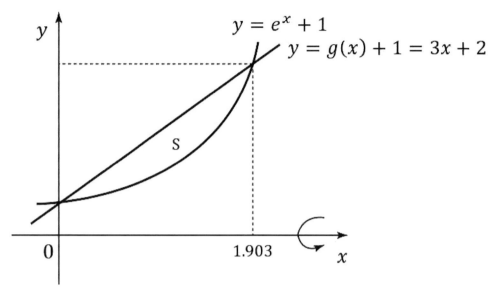

$$\text{Volume} = \pi \int_0^{1.903} \left\{ (3x+2)^2 - (e^x+1)^2 \right\} dx \approx 46.229$$

51. (A)

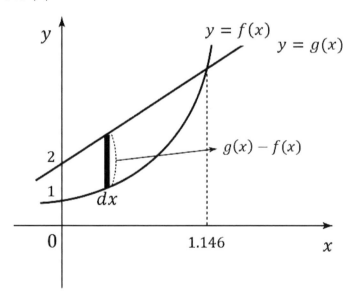

$$\text{Volume} = \int_0^{1.146} \left(\triangle_y \right) dx = \int_0^{1.146} \frac{\sqrt{3}}{4} y^2 dx$$

$$= \frac{\sqrt{3}}{4} \int_0^{1.146} (x+2-e^x)^2 \, dx \approx 0.285$$

Topic 13 - Differential Equation

$\Rightarrow \dfrac{dy}{dx} = kx$와 같이 $\dfrac{dy}{dx}$ 를 보고 y를 구하는 방법은

① 같은 Variable끼리 모은다.

② 양변에 $\int$ 을 취한다.

52. If $f(0) = 1$, $\dfrac{dy}{dx} = \dfrac{xe^{x^2}}{y}$ and $y > 0$ for all x, what is y?

(A) $y = \sqrt{e^{x^2}}$

(B) $y = -\sqrt{e^{x^2}}$

(C) $y = \pm\sqrt{e^{x^2}}$

(D) $y = e^{x^2}$

Solution

52. (A)

① 우선 같은 Variable끼리 모은다.

$\Rightarrow y\,dy = xe^{x^2}dx$

② 양변에 $\int$ 를 취한다.

$\Rightarrow \int y\,dy = \int xe^{x^2}dx,\ x^2 = u,\ 2x = \dfrac{du}{dx}$

$\Rightarrow \dfrac{1}{2}y^2 = \int xe^u \cdot \dfrac{1}{2x}du \Rightarrow \dfrac{1}{2}y^2 = \dfrac{1}{2}e^u + C$

$\Rightarrow \dfrac{1}{2}y^2 = \dfrac{1}{2}e^{x^2} + C$ 에서 $(0,\,1)$을 대입하면 $C = 0$.

그러므로 $y^2 = e^{x^2}$에서 $y = \pm\sqrt{e^{x^2}}$.

③ $(0,\,1)$ 조건으로부터 $+$인지 $-$인지를 결정한다.

$1 = \pm\sqrt{e^0}$ 에서 $1 = +\sqrt{e^0} = \sqrt{1}$

그러므로, $y = \sqrt{e^{x^2}}$

Topic 14 - ①②③④

---

① The Extreme Value Theorem
② The Intermediate Value Theorem (IVT)
③ Mean Value Theorem (MVT)
④ Rolle's Theorem

---

① The Extreme Value Theorem

$y = f(x)$가 주어진 구간에서 연속이면 주어진 구간 내에서 maximum, minimum이 존재한다.

$f(c) \geq f(x)$: $f(c)$ 는 Maximum

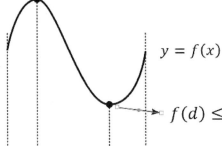

$f(d) \leq f(x)$: $f(d)$ 는 Minimum

② The Intermediate Value Theorem

$y = f(x)$가 주어진 구간에서 연속이면

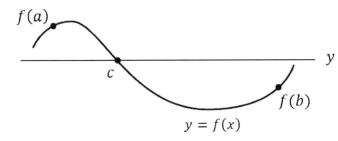

$f(a) > c$이고 $f(b) < c$이면,
$f(x) = c$인 x값이
interval (a, b) 내에
at least 1 exist.

⇒ The Extreme Value Theorem의 경우 $y = f(x)$가 주어진 구간에서 continuous라는 조건만 있으면 되지만 Intermediate Value Theorem은 $f(a)$와 $f(b)$값까지도 알아야 한다.

③ Mean Value Theorem

$y = f(x)$가 주어진 구간에서 "Differentiable"이면 다음의 식이 성립한다.

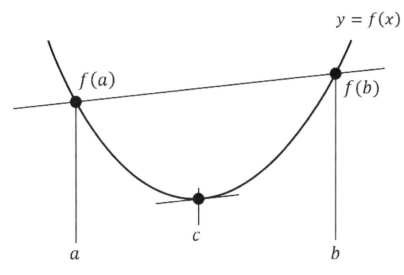

$\dfrac{f(b) - f(a)}{b - a} = f'(c)$를 만족하는 c가 구간 $a < x < b$ 내에 at least 1 exist 한다.

④ Rolle's Theorem

$y = f(x)$가 주어진 구간에서 "Differentiable"이면서 $f(a) = f(b)$이면 다음의 식이 성립한다.

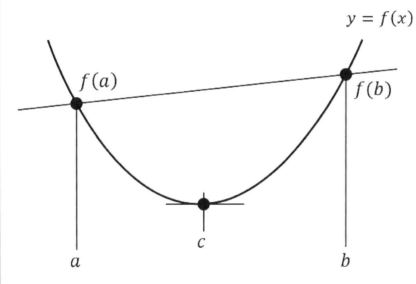

$\dfrac{f(b) - f(a)}{b - a} = 0 = f'(c)$를 만족하는 c가 구간 $a < x < b$ 내에 at least 1 exist 한다.

53. If f is a continuous function on the closed interval $[1, 5]$, which of the following must be true?

(A) There is a number c in the open interval $(1, 5)$ such that $f'(c) = \dfrac{f(5) - f(1)}{4}$.

(B) There is a number c in the open interval $(1, 5)$ such that $f'(c) = 0$.

(C) There is a number c in the open interval $(1, 5)$ such that $f(c) = 0$.

(D) There is a number c in the open interval $(1, 5)$ such that $f(c) \leq f(x)$ for all x in $[1, 5]$.

x	1	2	3	4	5	6
$f(x)$	5	1	-1	0	-3	5

54. The function f is continuous and differentiable on the closed interval $[1, 6]$, The table above gives selected values of f on this interval. Which of the following statements must be true?

(A) f have three inflection points.

(B) The maximum value of f on $[1, 6]$ is 5.

(C) There is a number c in the open interval $(1, 6)$ such that $f'(c) = 0$.

(D) $f(x) > 0$ for $1 < x < 2$.

53. (D)

(A) $f'(c) = \dfrac{f(5)-f(1)}{5-1}$ ⇒ 문제에서 "Differentiable" 조건이 없으므로 Mean Value Theorem이 성립하지 않는다.

(B) 문제에서 "Differentiable"과 "$f(1)=f(5)$" 조건이 없으므로 Rolle's Theorem이 성립하지 않는다.

(C) 문제에서 $f(1)$, $f(5)$ 값을 알 수 없으므로 Intermediate Value Theorem이 성립하지 않는다.

(D) Continuous 조건이 있으므로 주어진 구간 내에서 function f는 minimum value ($f(c)$)를 갖는다.

54. (C)

문제에서 주어진 Table로 Graph를 그려보면 여러 가지 상황이 나올 수 있다. 예를 들어, 한 가지 경우를 그려보면 다음과 같을 수 있다.

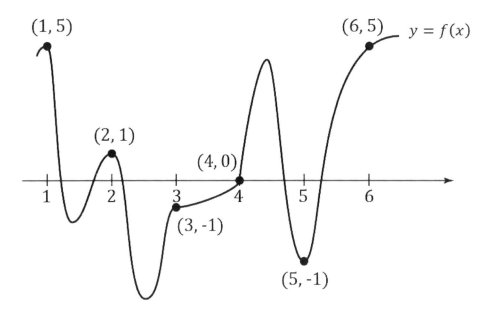

(A) Inflection Point가 몇 개일지는 알 수 없다.

(B) Maximum Value가 5보다 더 클 수도 있다.

(C) Function f는 differentiable이고 $f(1)=f(6)$이므로 Rolle's Theorem이 성립한다.

(D) $1 < x < 2$에서 반드시 $f(x) > 0$이라고 할 수 없다.

Topic 15 - Line Tangent Equation

I. Tangents

접선의 방정식(The equation of the tangent line)은 다음과 같이 구한다.

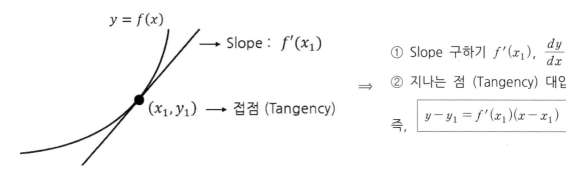

① Slope 구하기 $f'(x_1)$, $\dfrac{dy}{dx}$

⇒ ② 지나는 점 (Tangency) 대입.

즉, $\boxed{y - y_1 = f'(x_1)(x - x_1)}$

II. Normals

Normal Line 방정식은 다음과 같이 구한다.

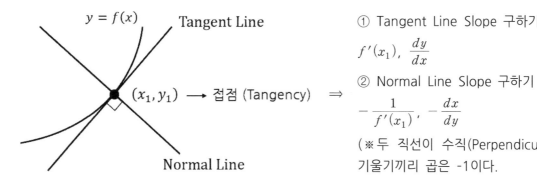

① Tangent Line Slope 구하기

$f'(x_1)$, $\dfrac{dy}{dx}$

② Normal Line Slope 구하기

$-\dfrac{1}{f'(x_1)}$, $-\dfrac{dx}{dy}$

(※두 직선이 수직(Perpendicular)이면 기울기끼리 곱은 -1이다.

Exercise

55. Let f be a differentiable function with $f(-2)=5$ and $f'(-2)=3$, and let g be the function defined $g(x)=x^3 \cdot f(x)$. What is the equation of the line tangent to the graph of g at the point where $x=-2$?

(A) $y=36(x-2)+40$

(B) $y=36(x+2)-40$

(C) $y=8(x+2)+20$

(D) $y=-8(x+2)+20$

56. At what point on the graph of $y=x^2$ is the tangent line parallel to the line $2x-y=5$?

(A) $(0, 0)$ (B) $(0, -1)$ (C) $(1, 1)$ (D) $(-1, 2)$

⍰ Solution

55. (B)

① Slope : $g'(x) = 3x^2 f(x) + x^3 f'(x)$

$\Rightarrow g'(-2) = 3 \cdot (-2)^2 \cdot f(-2) - 8f'(-2) = 60 - 8 \times 3 = 36$

② $(-2,\ g(-2))$를 지나므로 $g(-2) = -8f(-2) = -8 \times 5 = -40$

그러므로, $(-2,\ -40)$을 지난다.

$y + 40 = 36(x+2) \Rightarrow y = 36(x+2) - 40$

56. (C)

$y = 2x + 5$이므로 Slope는 2.

$y' = 2x = 2$에서 $x = 1,\ y = 1$

그러므로, $(1,\ 1)$

$\displaystyle\lim_{n\to\infty}\sum_{k=1}^{n}f(k)$ 를 $\displaystyle\int_a^b f(x)dx$ 로 바꿀 때는 다음과 같이 한다.

① Graph를 대략 그린다. 일단 $y=f(x)$의 Graph 모양을 모르기 때문에 대략 그리는 것이다.

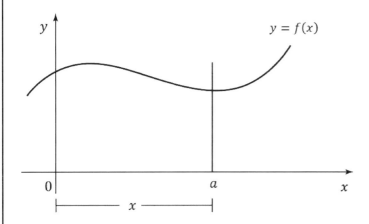

② 범위는 내 마음대로 잡아도 된다. Origin으로부터의 거리가 x값이므로 항상 Origin으로부터 범위를 잡도록 한다.

③

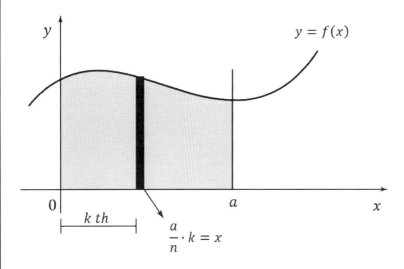

 길이 a를 n등분 $=\dfrac{a}{n}=dx$

④ Shaded 된 부분의 Area는 ▌를 무수히 많이 더한 것이다.

$\Rightarrow$ · $\displaystyle\lim_{n\to\infty}\sum_{k=1}^{n} = \int$

· $\dfrac{a}{n} = dx$

· $\dfrac{a}{n} \cdot k = x$

다음의 예제를 이와 같은 순서대로 3가지 방법으로 구해보자.

(Example) Evaluate $\displaystyle\lim_{n\to\infty}\sum_{k=1}^{n}(1+\dfrac{2k}{n})\dfrac{1}{n}$

(Solution ①)

① Graph를 대략 그리고 범위를 Origin으로부터 1까지 잡는다.

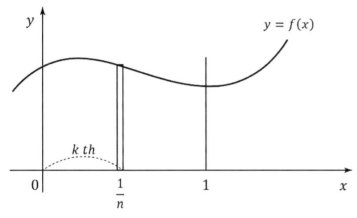

② · 길이 1을 n등분 $= \dfrac{1}{n}$

· $\dfrac{1}{n} \cdot k = x$

· $\displaystyle\lim_{n\to\infty}\sum_{k=1}^{n} = \int$

③

$$\boxed{\lim_{n\to\infty}\sum_{k=1}^{n}}\left(1+2\cdot\boxed{\dfrac{k}{n}}\right)\cdot\boxed{\dfrac{1}{n}}$$
$$= \int_{0}^{1} \qquad = x \quad = dx$$

$\Rightarrow \displaystyle\int_{0}^{1}(1+2x)dx, \ 1+2x = u$

$\Rightarrow \dfrac{1}{2}\displaystyle\int_{1}^{3}u\,du = \dfrac{1}{2}\left[\dfrac{1}{2}u^2\right]_{1}^{3} = \dfrac{1}{2}(\dfrac{9}{2}-\dfrac{1}{2}) = \dfrac{8}{4} = 2$

(Solution ②)

① Graph를 대략 그리고 범위를 Origin으로부터 2까지 잡는다.

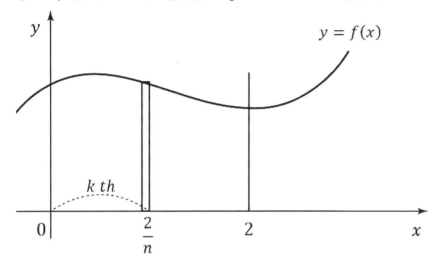

② • 길이 2를 n등분 $\Rightarrow \dfrac{2}{n} = dx \Rightarrow \dfrac{1}{n} = \dfrac{1}{2}dx$

 • $\dfrac{2}{n} \cdot k = x$

 • $\displaystyle\lim_{n\to\infty}\sum_{k=1}^{n} = \int$

③

$$\boxed{\lim_{n\to\infty}\sum_{k=1}^{n}}\left(1 + \boxed{2\cdot\dfrac{k}{n}}\right)\cdot\boxed{\dfrac{1}{n}}$$

$$= \int_0^2 \qquad = x \qquad = \dfrac{1}{2}dx$$

$\Rightarrow \dfrac{1}{2}\displaystyle\int_0^2 (1+x)dx = \dfrac{1}{2}\left[x + \dfrac{1}{2}x^2\right]_0^2 = \dfrac{1}{2}\left(2 + \dfrac{4}{2}\right) = \dfrac{1}{2}\times 4 = 2$

(Solution ③)

① Graph를 대략 그리고 범위를 Origin으로부터 3까지 잡는다.

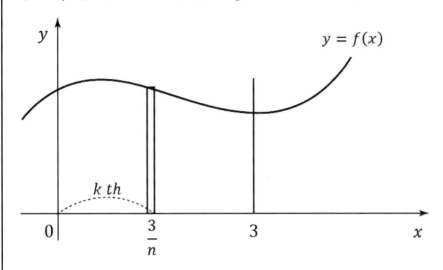

② • 길이 3을 n등분 $\Rightarrow \dfrac{3}{n} = dx \Rightarrow \dfrac{1}{n} = \dfrac{1}{3}dx$

　• $\dfrac{3}{n} \cdot k = x \Rightarrow \dfrac{2}{n} \cdot k = \dfrac{2}{3}x$

　• $\displaystyle\lim_{n\to\infty}\sum_{k=1}^{n} = \int$

③

$$\boxed{\lim_{n\to\infty}\sum_{k=1}^{n}}\left(1 + \boxed{\dfrac{2}{n}k}\right)\cdot\boxed{\dfrac{1}{n}}$$

$$= \int_{0}^{3} \qquad = \dfrac{2}{3}x \quad = \dfrac{1}{3}dx$$

$\Rightarrow \dfrac{1}{3}\displaystyle\int_{0}^{3}(1+\dfrac{2}{3}x)dx,\ 1+\dfrac{2}{3}x = u \Rightarrow \dfrac{2}{3} = \dfrac{du}{dx}$

$\Rightarrow \dfrac{1}{3}\displaystyle\int_{1}^{3} u\cdot\dfrac{3}{2}du = \dfrac{1}{2}\left[\dfrac{1}{2}u^2\right]_{1}^{3} = \dfrac{1}{2}(\dfrac{9}{2}-\dfrac{1}{2}) = \dfrac{1}{2}\cdot 4 = 2$

※ Solution ①, ②, ③과 같이 범위를 어디까지 설정하더라도 결과는 똑같이 나온다.

57. $\displaystyle\lim_{n \to \infty} \sum_{k=1}^{n} \cos\left(\frac{\pi}{6} + \frac{\pi k}{4n}\right) \cdot \frac{1}{n} =$

(A) $\displaystyle\int_{0}^{\frac{\pi}{4}} \cos\left(\frac{\pi}{6} + x\right) dx$

(B) $\displaystyle\frac{4}{\pi} \int_{0}^{\frac{\pi}{4}} \cos\left(\frac{\pi}{6} + x\right) dx$

(C) $\displaystyle\frac{\pi}{4} \int_{0}^{\frac{\pi}{4}} \cos\left(\frac{\pi}{6} + \frac{\pi}{4}x\right) dx$

(D) $\displaystyle\frac{4}{\pi} \int_{0}^{\frac{\pi}{4}} \cos x \, dx$

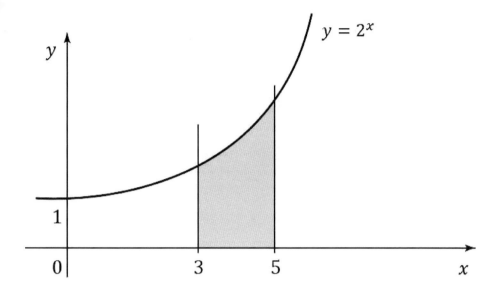

58. The function f is given by $f(x) = 2^x$. The graph f is shown above. Which of the following limits is equal to the area of shaded region?

(A) $\lim\limits_{n \to \infty} \sum\limits_{k=1}^{n} (2^{3 + \frac{2}{n}k}) \cdot \dfrac{2}{n}$

(B) $\lim\limits_{n \to \infty} \sum\limits_{k=1}^{n} (2^{\frac{2}{n}k}) \cdot \dfrac{2}{n}$

(C) $\lim\limits_{n \to \infty} \sum\limits_{k=1}^{n} (2^{3 + \frac{2}{n}k}) \cdot \dfrac{1}{n}$

(D) $\lim\limits_{n \to \infty} \sum\limits_{k=1}^{n} (2^{\frac{2}{n}k}) \cdot \dfrac{1}{n}$

59. Which of the following limits is equal to $\int_1^4 e^x\, dx$?

(A) $\displaystyle\lim_{n\to\infty}\sum_{k=1}^{n} e^{\frac{3}{n}k}\cdot\frac{1}{n}$

(B) $\displaystyle\lim_{n\to\infty}\sum_{k=1}^{n}\left(e^{1+\frac{3}{n}k}\right)\cdot\frac{1}{n}$

(C) $\displaystyle\lim_{n\to\infty}\sum_{k=1}^{n} e^{\frac{3}{n}k}\cdot\frac{3}{n}$

(D) $\displaystyle\lim_{n\to\infty}\sum_{k=1}^{n}\left(e^{1+\frac{3}{n}k}\right)\cdot\frac{3}{n}$

Solution

57. (B)

① $y = f(x)$를 그린다. 범위는 Origin부터 $\frac{\pi}{4}$까지 잡는다. (※ 범위는 앞에서 설명하였듯이 임의로 잡아도 된다.)

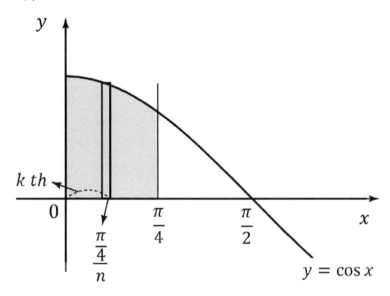

$$\Rightarrow \cdot \frac{\frac{\pi}{4}}{n} = \frac{\pi}{4n} = dx \Rightarrow \frac{1}{n} = \frac{4}{\pi}dx$$

$$\cdot \frac{\pi}{4n} \times k = x$$

$$\cdot \lim_{n\to\infty}\sum_{k=1}^{n} = \int_0^{\frac{\pi}{4}}$$

그러므로, $\boxed{\lim_{n\to\infty}\sum_{k=1}^{n}} \cos\left(\frac{\pi}{6} + \boxed{\frac{\pi k}{4n}}\right) \cdot \boxed{\frac{1}{n}}$

$$= \int_0^{\frac{\pi}{4}} \qquad = x \qquad = \frac{4}{\pi}dx$$

$$\Rightarrow \frac{4}{\pi}\int_0^{\frac{\pi}{4}} \cos\left(\frac{\pi}{6} + x\right)dx$$

97

58. (A)

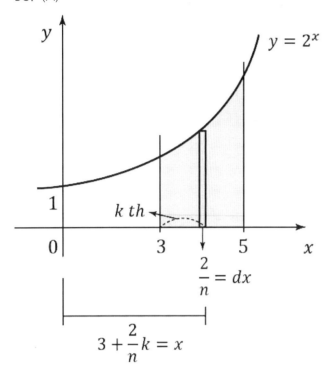

$$3 + \frac{2}{n}k = x$$

$$\frac{2}{n} = dx$$

$$\Rightarrow \lim_{n \to \infty} \sum_{k=1}^{n} (2^{3 + \frac{2}{n}k}) \cdot \frac{2}{n}$$

59. (D)

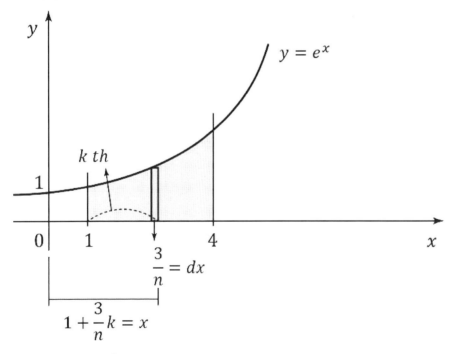

$$1 + \frac{3}{n}k = x$$

$$\frac{3}{n} = dx$$

$$\Rightarrow \lim_{n \to \infty} \sum_{k=1}^{n} (e^{1 + \frac{3}{n}k}) \cdot \frac{3}{n}$$

Topic 17 - Riemann Sum

$y = f(x)$의 곡선과 x축 사이의 면적을 사각형으로 분할하고 더하는 방법으로 구하는 것을 "Riemann Sum", 사다리꼴로 분할하고 더하는 방법으로 구하는 것을 "Trapezoid Rule"이라고 한다.
이 단원에서 암기할 것은 없다.

Riemann Sum은 사각형의 높이가 Left-endpoint인지 Right-endpoint인지 Midpoint인지에 따라 3가지로 나뉜다. 다음의 예제를 통해 Riemann Sum과 Trapezoid Rule을 이해하도록 하자.

(Example) Find the approximate area under the curve of $f(x) = x^2 + 1$ from $x = 0$ to $x = 9$, using 3 left-endpoint rectangles.

(Solution)

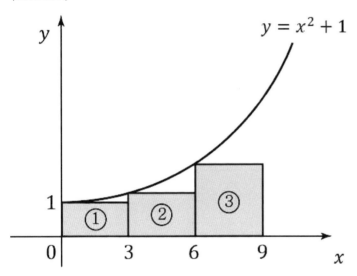

Left
↓
$$L(3) = \int_0^9 (x^2 + 1)dx = \underbrace{3 \times f(0)}_{① \text{면적}} + \underbrace{3 \times f(3)}_{② \text{면적}} + \underbrace{3 \times f(6)}_{③ \text{면적}} = 3\big(f(0) + f(3) + f(6)\big)$$
↑
Sub-interval
$$= 3(1 + 10 + 37) = 144$$

(Example) Find the approximate area under the curve of $f(x) = x^2 + 1$ from $x = 0$ to $x = 9$, using 3 right-endpoint rectangles.

(Solution)

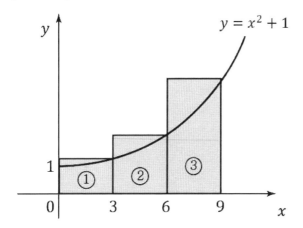

Right

$$R(3) = \int_0^9 (x^2 + 1)dx = \underbrace{3 \times f(3)}_{① \text{ 면적}} + \underbrace{3 \times f(6)}_{② \text{ 면적}} + \underbrace{3 \times f(9)}_{③ \text{ 면적}} = 3\big(f(3) + f(6) + f(9)\big)$$

Sub-interval

$$= 3(10 + 37 + 82) = 387$$

(Example) Find the approximate area under the curve of $f(x) = x^2 + 1$ from $x = 0$ to $x = 9$, using 3 midpoint rectangles.

(Solution)

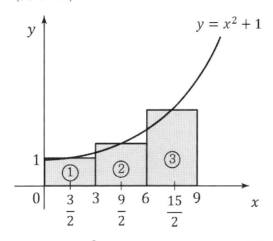

$$M(3) = \int_0^9 (x^2 + 1)dx = \underbrace{3 \times f\left(\frac{3}{2}\right)}_{① \text{ 면적}} + \underbrace{3 \times f\left(\frac{9}{2}\right)}_{② \text{ 면적}} + \underbrace{3 \times f\left(\frac{15}{2}\right)}_{③ \text{ 면적}}$$

$$= 3\left(f\left(\frac{3}{2}\right) + f\left(\frac{9}{2}\right) + f\left(\frac{15}{2}\right) \right) = 3\left(\frac{13}{4} + \frac{85}{4} + \frac{229}{4} \right) = 245.25$$

(Example) Find the approximate area under the curve of $f(x) = x^2 + 1$ from $x = 0$ to $x = 9$, using 3 trapezoids.

(Solution)

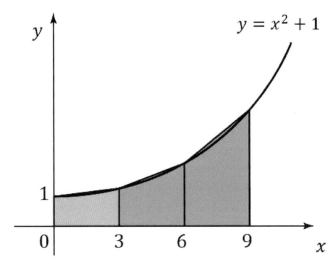

Trapezoids
↓
$$T(3) = \int_0^9 (x^2 + 1)dx = \frac{1}{2} \times 3 \times \left(f(0) + f(3)\right) + \frac{1}{2} \times 3 \times \left(f(3) + f(6)\right) + \frac{1}{2} \times 3 \times \left(f(6) + f(9)\right)$$
↑
Sub-interval $\qquad = 3(f(0) + 2f(3) + 2f(6) + f(9)) = 265.5$

Exercise

60. Let f be a function that is continuous for all real numbers. The table below gives values of f for selected point in the closed interval $[1, 12]$.

x	1	3	5	7	9	11
$f(x)$	2	4	2	-4	2	6

Use a trapezoidal sum with sub-intervals indicated by the data in the table to approximate $\int_1^{11} f(x)dx$.

(A) 8　　　　　(B) 14　　　　　(C) 16　　　　　(D) 24

Solution

60. (C)

다음과 같이 그려서 해결한다.

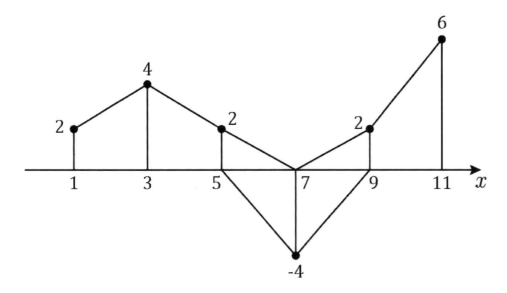

$$T = \frac{1}{2} \times 2 \times (2+4) + \frac{1}{2} \times 2 \times (4+2) + \frac{1}{2} \times 2 \times (2-4) + \frac{1}{2} \times 2 \times (-4+2) + \frac{1}{2} \times 2 \times (2+6)$$

$$= 16$$

Topic 18 - Slope Field

"Direction Field"라고도 한다. 공부하기에 쉬운 단원 중 하나이다.

예를 들어, $\dfrac{dy}{dx} = 2x$ 라고 할 때, 주어진 좌표에 Slope Field를 나타내보자.

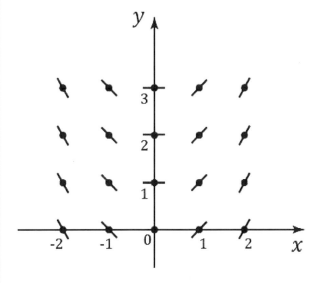

$\dfrac{dy}{dx}$ 는 Slope를 나타낸다. 좌표가 $(2, 3)$이므로 $\dfrac{dy}{dx} = 2 \times 2 = 4$. 즉, $(2, 3)$에서의 접선(The tangent line)

앞의 그림에서 수많은 선분(Segment)들은 각각의 점에서의 접선(The tangent line)이며 이 수많은 접선들을 이용해 굳이 Differential Equation을 풀지 않고도 원래 함수의 그래프(Solution Curve)의 형태를 짐작할 수 있다. 그렇다면, 위의 Slope Field로부터 $(0, 1)$을 지나는 Solution Curve를 그려보자.

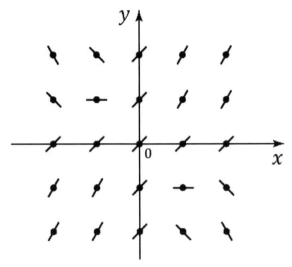

61. Shown above is a slope field for which of the following differential equation?

(A) $\dfrac{dy}{dx} = xy + 1$

(B) $\dfrac{dy}{dx} = x^2 + y + 1$

(C) $\dfrac{dy}{dx} = xy^2$

(D) $\dfrac{dy}{dx} = x + y + 1$

⚠ Solution

61. (A)

각 점마다의 간격을 1이라 가정하고 주어진 Choice에 대입하여 본다.

Topic 19 - Integration by Parts

① $\int xe^{x^2}dx \Rightarrow$ U-Substitution!

② $\int xe^x dx \Rightarrow$ Integration by Parts

위의 ①, ②에서 보는 것처럼 ②는 U-Substitution과 모양은 비슷하지만 "U-Substitution"으로는 해결할 수 없다. 이런 경우, "Integration by Parts"를 사용한다.

<u>반드시 알아 두자!</u>

Integration by Parts

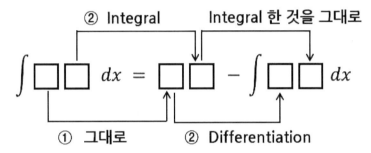

- ①부터 계산하고 ②를 계산한다.
- 우선순위 : $\ln x,\ \sin^{-1}x,\ \cdots\ > x^n > e^x > \sin x,\ \tan x,\ \cdots$

Example :

$$\int \boxed{x}\boxed{e^x}dx = x\,e^x - \int 1 \cdot e^x dx = xe^x - e^x + C$$

① 그대로   Differentiation

- $\ln x,\ \sin^{-1}x\ \cdots$만 있는 경우에도 $\ln x,\ \sin^{-1}x,\ \cdots$ 등이 우선이다.

Example :

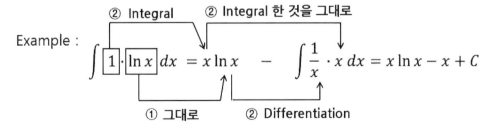

$$\int \boxed{1}\cdot\boxed{\ln x}dx = x\ln x - \int \frac{1}{x}\cdot x\,dx = x\ln x - x + C$$

Exercise

62. $\int x^2 \sin x \, dx =$

   (A) $x^2 \sin x + 2 \int x \sin x \, dx$

   (B) $-x^2 \sin x - 2 \int x \sin x \, dx$

   (C) $-x^2 \cos x + 2 \int x \cos x \, dx$

   (D) $x^2 \cos x - 2 \int x \cos x \, dx$

63. $\int \sin^{-1} x =$

   (A) $x \cos^{-1} x + C$

   (B) $x \sin^{-1} x + C$

   (C) $x \sin^{-1} x - \sqrt{1 - x^2} + C$

   (D) $x \sin^{-1} x + \sqrt{1 - x^2} + C$

64. $\int_0^1 x^2 e^x dx =$

(A) $x^2 e^x - xe^x + e^x + C$

(B) $x^2 e^x - 2xe^x + 2e^x + C$

(C) $x^2 e^x + 2xe^x - 2e^x + C$

(D) $x^2 e^x + xe^x - e^x + C$

 **Solution**

62. (C)

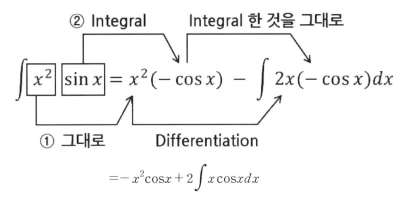

$$= -x^2\cos x + 2\int x\cos x\,dx$$

63. (D)

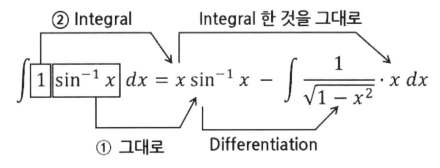

$\Rightarrow 1 - x^2 = u, \; -2x = \dfrac{du}{dx}$ 에서 $\displaystyle\int \dfrac{1}{\sqrt{u}} \cdot x \cdot \dfrac{du}{(-2x)} = -\dfrac{1}{2}\int u^{-\frac{1}{2}}\,du$

$\Rightarrow -\dfrac{1}{2} \cdot 2\sqrt{u} = -\sqrt{1 - x^2}$

그러므로, $x\sin^{-1}x + \sqrt{1 - x^2} + C$

64. (B)

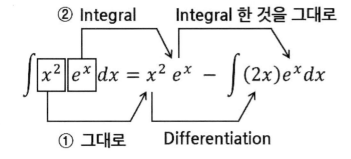

$$\int \boxed{x^2}\,\boxed{e^x}\,dx = x^2\,e^x - \int (2x)e^x\,dx$$

② Integral / Integral 한 것을 그대로
① 그대로 / Differentiation

$$\rightarrow \int (2x)\cdot e^x\,dx$$

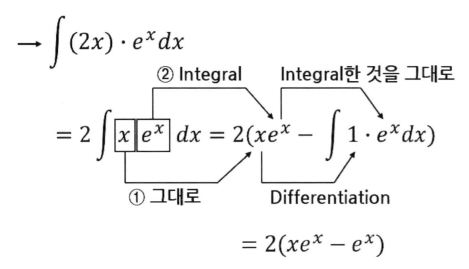

$$= 2\int \boxed{x}\,\boxed{e^x}\,dx = 2\left(xe^x - \int 1\cdot e^x\,dx\right)$$

② Integral / Integral한 것을 그대로
① 그대로 / Differentiation

$$= 2(xe^x - e^x)$$

그러므로, $x^2 e^x - 2xe^x + 2e^x + C$

Topic 20 - Partial Fraction

다음의 경우를 보자.

① $\displaystyle\int \frac{2x-2}{x^2-2x+3}\,dx$ $\Rightarrow$
- x^2-2x+3을 U-Substitution!
- x^2-2x+3은 Linear factor가 안 됨

② $\displaystyle\int \frac{x^2}{1+x^2}\,dx$ $\Rightarrow$
- $\arctan x$ 공식 이용!
- $\displaystyle\int \frac{1-1+x^2}{1+x^2}\,dx = \int (1 - \frac{1}{1+x^2})\,dx = x - \tan^{-1}x + C$

③ $\displaystyle\int \frac{2x-2}{x^2-2x-3}\,dx$ $\Rightarrow$
- x^2-2x-3을 U-Substitution
- x^2-2x-3은 Linear factor 가능!
$\Rightarrow$ Partial Fraction!

④ $\displaystyle\int \frac{x+1}{x^2-4x+3}\,dx$ $\Rightarrow$
- x^2-4x+3을 U-Substitution으로 해도 계산이 안 됨
- x^2-4x+3은 Linear factor 가능!
$\Rightarrow$ Partial Fraction!

③, ④의 경우처럼 Denominator가 Linear factor가 가능하고 Denominator의 Highest Degree가 Numerator의 Highest Degree보다 클 때 우리는 "Partial Fraction"이 가능하다.

Exercise

65. $\displaystyle\int \frac{x+1}{x^2-3x+2}dx =$

(A) $3\ln|x-2| - 2\ln|x-1| + C$

(B) $2\ln|x-2| + 3\ln|x-1| + C$

(C) $2\ln|x-2| - 3\ln|x-1| + C$

(D) $3\ln|x-2| + 2\ln|x-1| + C$

 **Solution**

65. (A)

$\int \dfrac{x+1}{(x-1)(x-2)}\,dx = \int \left(\dfrac{A}{x-1} + \dfrac{B}{x-2}\right)dx$ 에서 A, B를 구한다.

$\int \dfrac{(A+B)x - 2A - B}{(x-1)(x-2)}\,dx$ 에서 $A+B=1$, $-2A-B=1$이므로 $A=-2$, $B=3$.

그러므로, $\int \left(\dfrac{3}{x-2} - \dfrac{2}{x-1}\right)dx = 3\ln|x-2| - 2\ln|x-1| + C$

Topic 21 - Improper Integrals

다음의 경우가 Improper Integral이다.

① $\displaystyle\int_1^\infty \frac{1}{x}dx \Rightarrow \infty$까지 계산하는 경우

② $\displaystyle\int_0^1 \ln x\,dx \Rightarrow \ln x$는 0에서 undefined.

③ $\displaystyle\int_0^2 \frac{1}{x-1}dx \Rightarrow \frac{1}{x-1}$은 $x=1$에서 undefined.

$\Rightarrow \displaystyle\int$ 계산값도 Exact Value가 아니고 모두 Approximation이다.

그러므로, 위의 ①~③의 경우 limit을 이용하여 Approximation을 계산하게 되는 것이다.

66. $\int_{1}^{\infty} \frac{1}{x} dx =$

    (A) 0   (B) $\frac{1}{2}$ (C) 1   (D) ∞

67. $\int_{0}^{1} \frac{1}{x} dx =$

    (A) 0   (B) $\frac{1}{2}$ (C) 1   (D) ∞

⚠ Solution

66. (D)

$$\int_1^\infty \frac{1}{x}dx \;\Rightarrow\; \lim_{k\to\infty}\int_1^k \frac{1}{x}dx = \lim_{k\to\infty}\,[\ln x]_1^k = \lim_{k\to\infty}(\ln k - \ln 1) = \ln\infty = \infty$$

67. (D)

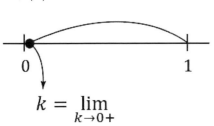

$$\Rightarrow\; \lim_{k\to 0+}\int_k^1 \frac{1}{x}dx = \lim_{k\to 0+}[\ln x]_k^1 = \lim_{k\to 0+}(\ln(1) - \ln k)$$

$\Rightarrow$

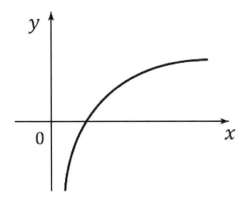

$$\Rightarrow\; -(-\infty) = \infty$$

Topic 22 - Polar Curve

Rectangular Coordinate는 (x, y)로 표현되고 이를 (r, θ)로 표현하는 것이 Polar Coordinate이다.

다음의 그림을 보자.

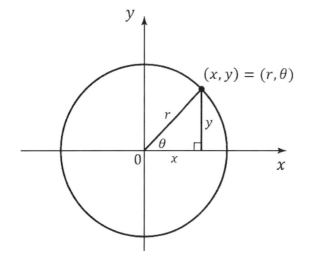

반드시 알아 두자!

- $x^2 + y^2 = r^2$
- $y = r\sin\theta$
- $x = r\cos\theta$

※ 이 조건은 문제에서 주어지지 않으므로 x를 $r\cos\theta$로, y를 $r\sin\theta$로 자연스럽게 바꿀 수 있어야 한다.

① Slope

- Slope $= \dfrac{dy}{dx} = \dfrac{\dfrac{dy}{d\theta}}{\dfrac{dx}{d\theta}}$

② Area

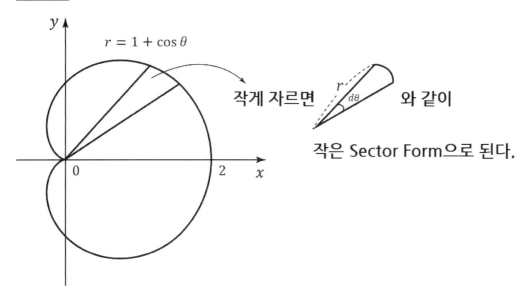

작게 자르면 와 같이

작은 Sector Form으로 된다.

$$\underline{\int_0^{2\pi}} \quad \text{(of)} \quad \underline{\frac{1}{2}r^2 d\theta}$$
$$\qquad\qquad\qquad \text{Small Sector Form}$$

$$= \boxed{S}um + \boxed{I}ntegration$$

$$= S + I = \int$$

$$= \int_0^{2\pi} \frac{1}{2}r^2 d\theta \qquad \text{(즉, Small Sector Form을 많이 더하기)}$$

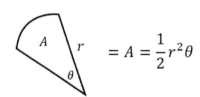

Sector Form Area
$$= A = \frac{1}{2}r^2\theta$$

다음의 그림을 보자.

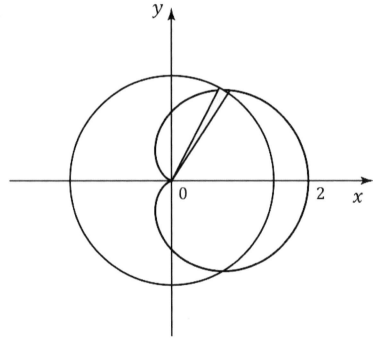

즉, (도형) 의 Area를 (Circle) 로 대신해서 구하는 것이다.

두 Polar Curve 사이의 $\theta = \dfrac{\pi}{6}$ 에서의 Distance를 D 라고 하면, 다음과 같다.

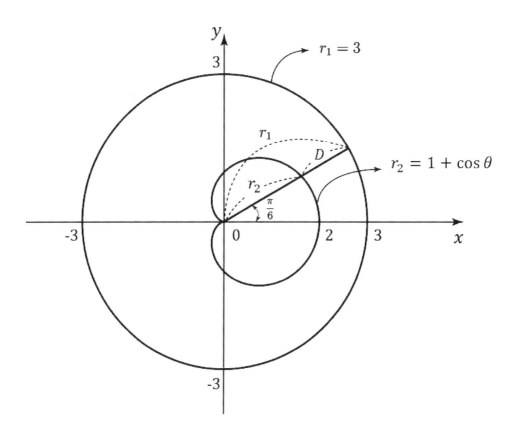

$\Rightarrow$ $D = r_1 - r_2 = 3 - (1 + \cos\theta) = 2 - \cos\theta$

Exercise

68. What is the line tangent equation to the polar curve $r = \theta + \sin\theta$ at the point $\theta = \dfrac{\pi}{2}$?

(A) $y = -\dfrac{2}{\pi}x + 1$

(B) $y = -\dfrac{2}{\pi+2}x + \dfrac{\pi}{2} + 1$

(C) $y = -\dfrac{\pi+2}{2}x + \dfrac{\pi}{2}$

(D) $y = -\dfrac{2}{\pi+2}x + \dfrac{\pi}{2}$

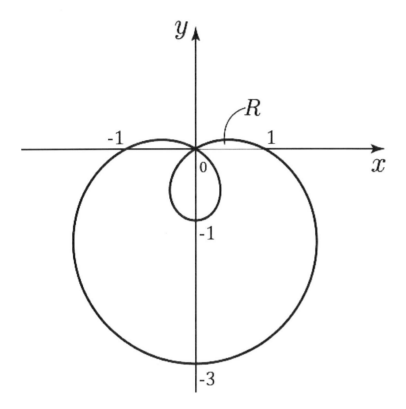

69. The graph of the polar curve $r = 1 - 2\sin\theta$ for $0 \le \theta \le 2\pi$ is shown above. Let R be the shaded region by the curve and the x-axis. What is the area of R?

(A) $\dfrac{1}{2} \displaystyle\int_0^{\frac{\pi}{3}} (1 - 2\sin\theta)\, d\theta$

(B) $\displaystyle\int_0^{\frac{\pi}{3}} (1 - 2\sin\theta)^2\, d\theta$

(C) $\dfrac{1}{2} \displaystyle\int_0^{\frac{\pi}{6}} (1 - 2\sin\theta)^2\, d\theta$

(D) $\displaystyle\int_0^{\frac{\pi}{6}} (1 - 2\sin\theta)\, d\theta$

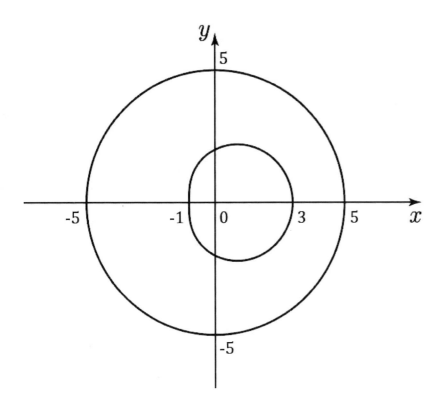

70. The graph of the polar curves $r = 5$ and $r = \cos\theta + 2$ are shown in the figure above for $0 \le \theta \le 2\pi$. The distance the two curves changes for $0 < \theta < 2\pi$. What is the rate at which the distance between the two curves is changing with respect to θ when $\theta = \dfrac{\pi}{3}$?

(A) 0   (B) 1   (C) $\dfrac{1}{2}$ (D) $\dfrac{\sqrt{3}}{2}$

Solution

68. (B)

$x = r\cos\theta$, $y = r\sin\theta$이므로

$x = (\theta + \sin\theta) \cdot \cos\theta$, $y = (\theta + \sin\theta) \cdot \sin\theta$에서

$\dfrac{dx}{d\theta} = (1 + \cos\theta)\cos\theta - (\theta + \sin\theta)\sin\theta$,

$\dfrac{dy}{d\theta} = (1 + \cos\theta)\sin\theta + (\theta + \sin\theta)\cos\theta$

$\Rightarrow$ Slope $= \dfrac{\dfrac{dy}{d\theta}}{\dfrac{dx}{d\theta}} = \dfrac{1}{-(\frac{\pi}{2}+1)} = -\dfrac{1}{\frac{\pi+2}{2}} = -\dfrac{2}{\pi+2}$

$\theta = \dfrac{\pi}{2}$ 일 때, $x = 0$, $y = \dfrac{\pi}{2} + 1$이므로 Line tangent equation은 $y = -\dfrac{2}{\pi+2}x + \dfrac{\pi}{2} + 1$

69. (C)

Shaded 된 R 부분만 보면

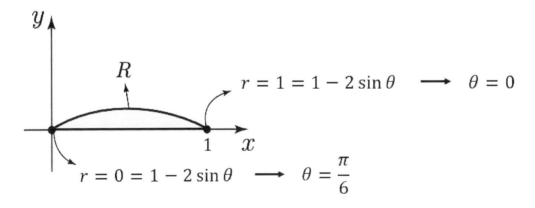

그러므로, Area $R = \dfrac{1}{2}\displaystyle\int_0^{\frac{\pi}{6}}(1 - 2\sin\theta)^2 d\theta$

70. (D)

$D = 5 - (\cos\theta + 2) = 3 - \cos\theta$

$\dfrac{dD}{d\theta} = \sin\theta$. 그러므로, $\sin\dfrac{\pi}{3} = \dfrac{\sqrt{3}}{2}$.

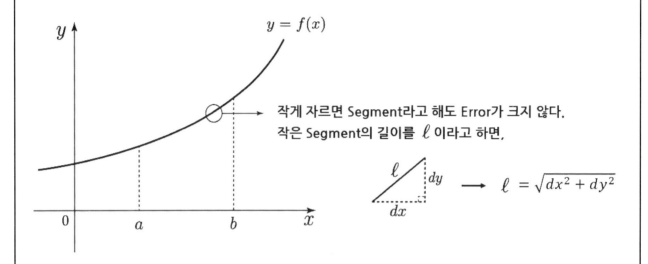

위의 그림에서 Arc Length $a \leq x \leq b$에서의 길이는 작은 Segment를 무수히 많이 더한 것이다.

$$\int_a^b \sqrt{dx^2 + dy^2}$$

$\Rightarrow$ ① $\int_a^b \sqrt{dx^2 (1 + (\frac{dy}{dx})^2)} = \int_a^b \sqrt{1 + (\frac{dy}{dx})^2}\, dx$ (x 범위 주어질 때)

$\Rightarrow$ ② $\int_a^b \sqrt{dy^2 (1 + (\frac{dx}{dy})^2)} = \int_a^b \sqrt{1 + (\frac{dx}{dy})^2}\, dy$ (y 범위 주어질 때)

$\Rightarrow$ ③ $\int_a^b \sqrt{dt^2 ((\frac{dx}{dt})^2 + (\frac{dy}{dt})^2)} = \int_a^b \sqrt{(\frac{dx}{dt})^2 + (\frac{dy}{dt})^2}\, dt$ (t 범위 주어질 때)

71. The length of the path described by the parametric equations $x = \ln t$ and $y = t^3$, where $2 \le t \le 4$, is given by

(A) $\displaystyle\int_2^4 \sqrt{\frac{1}{t^2} + 9t^4}\, dt$

(B) $\displaystyle\int_2^4 \sqrt{\frac{1}{t} + 3t^2}\, dt$

(C) $\displaystyle\int_2^4 \sqrt{(\ln t)^2 + t^6}\, dt$

(D) $\displaystyle\int_2^4 \sqrt{\ln t + t^3}\, dt$

72. The length of a curve from $x = 3$ to $x = 5$ is given by $\displaystyle\int_3^5 \sqrt{1 + 49x^6}\, dx$. If the curve contains the point $(1, 1)$, which of the following could be an equation for this curve?

(A) $y = 49x^6 + 1$

(B) $y = \dfrac{7}{4}x^4 - \dfrac{3}{4}$

(C) $y = 7x^3 - 6$

(D) $y = x^4 - 1$

Solution

71. (A)

$\dfrac{dx}{dt} = \dfrac{1}{t}$, $\dfrac{dy}{dt} = 3t^2$ 이므로

Arc Length $= \displaystyle\int_{2}^{4} \sqrt{\left(\dfrac{dx}{dt}\right)^2 + \left(\dfrac{dy}{dt}\right)^2}\, dt = \int_{2}^{4} \sqrt{\dfrac{1}{t^2} + 9t^4}\, dt$

72. (B)

Arc Length $= \displaystyle\int_{3}^{5} \sqrt{1 + (7x^3)^2}\, dx$ 로부터 $\dfrac{dy}{dx} = 7x^3$.

$\displaystyle\int dy = \int 7x^3 dx \implies y = \dfrac{7}{4}x^4 + C \implies 1 = \dfrac{7}{4} + C \implies C = -\dfrac{3}{4}$

그러므로, $y = \dfrac{7}{4}x^4 - \dfrac{3}{4}$

Topic 24 - Logistic Growth

생태계에서 나타나는 Graph를 그려보면 다음과 같다. 예를 들어, 풀이 많은 넓은 초원에 암수 토끼 100마리가 있고 토끼의 천적이 없다고 가정해보면 어느 순간까지는 개체 수(Population)가 확 늘다가 어느 순간부터는 서서히 늘게 되고, 어느 정도 수준(Carrying Capacity)을 유지하게 된다.

Population (P)

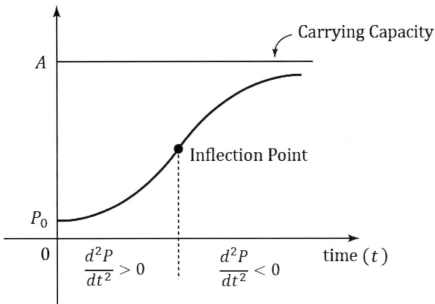

(P_0 : Initial Value, A : Carrying Capacity)

이 그래프를 보면, time t가 한없이 커질 때 $(\lim_{t \to \infty})$ 다음 두 개의 식이 성립하게 된다.

$$① \lim_{t \to \infty} P(t) = A \qquad\qquad ② \lim_{t \to \infty} \frac{dP}{dt} = 0$$

다음의 식이 성립하는 것도 반드시 알아두자.

$$\frac{dP}{dt} = kP(A - P) \quad (※ k \text{ is a constant})$$

Logistic Growth 문제는 Graph 해석이 중요하므로 Graph 모양을 잘 익혀두도록 해야 한다.

Exercise

73. The population $P(t)$ of a rat in a region satisfies the logistic differential equation $\frac{dP}{dt} = P(2 - \frac{P}{500})$, where the initial population $P(0) = 150$ and t is the time in months. What is the value of $\lim_{t \to \infty} P(t)$?

(A) 500   (B) 1,000   (C) 1,500   (D) 2,000

74. The number of rabbits in a region by the function P and grows according to the logistic differential equation $\frac{dP}{dt} = 0.7P(2 - \frac{P}{2000})$, where t is the time in months and $P(0) = 500$. Which of the following statements could be false?

(A) $\lim_{t \to \infty} \frac{dP}{dt} = 0$

(B) $\lim_{t \to \infty} P(t) = 4,000$

(C) $\frac{d^2 P}{dt^2} > 0$

(D) $\frac{dP}{dt} = k(4000 - P)$ (k is a constant)

Solution

73. (B)

$$\lim_{t \to \infty} \frac{dP}{dt} = 0 \implies \lim_{t \to \infty} P(2 - \frac{P}{500}) = 0 \text{ 이므로 } \lim_{t \to \infty} P(t) = 1000.$$

74. (C)

주어진 상황을 Graph로 나타내면 다음과 같다.

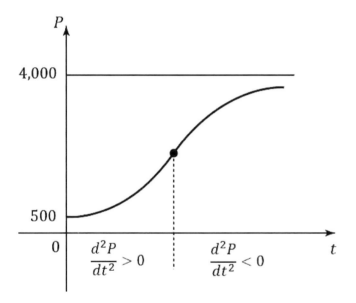

- $\lim_{t \to \infty} \frac{dP}{dt} = \lim_{t \to \infty} 0.7 P(2 - \frac{P}{2000}) = 0 \implies \lim_{t \to \infty} P(t) = 4,000$

- Graph는 Concave up에서 Concave down으로 변한다. 즉, $\frac{d^2 P}{dt^2} > 0$에서 $\frac{d^2 P}{dt^2} < 0$으로 변한다.

Topic 25 - Euler's Method

Euler's Method 문제는 다음의 공식을 이용하여 Table을 만들어 주면 된다. Exercise를 통해 풀이를 익히도록 하자. 다음의 공식은 반드시 암기하여야 한다.

- $x_n = x_{n-1} + \Delta x$
- $y_n = y_{n-1} + \Delta x (y_{n-1})'$

75. Let $y = f(x)$ be the solution to the differential equation $\dfrac{dy}{dx} = x + y - 1$ with the initial condition $f(1) = 1$. What is the approximation for $f(2)$ if Euler's method is used, starting at $x = 1$ with two steps of equal size?

(A) 2

(B) $\dfrac{5}{2}$

(C) 3

(D) $\dfrac{7}{2}$

Solution

75. (B)

	x	y
P_0	$x_0 = 1$	$y_0 = 1$
P_1	$x_1 = \dfrac{3}{2}$	$y_1 = y_0 + \Delta x (y_0)'$ $= 1 + \dfrac{1}{2}(1+1-1) = \dfrac{3}{2}$, $y_1 = \dfrac{3}{2}$
P_2	$x_2 = 2$	$y_2 = y_1 + \Delta x (y_1)'$ $= \dfrac{3}{2} + \dfrac{1}{2}(\dfrac{3}{2}+\dfrac{3}{2}-1) = \dfrac{3}{2}+1 = \dfrac{5}{2}$

Topic 26 - Series 계산

Infinite Series는 바로 계산할 수 있는 경우가 많지 않다.

다음의 두 경우는 바로 계산이 가능하다.

Infinite Series 계산

① **Geometric Series**

- $S = a + ar + ar^2 + ar^3 + \cdots \quad (-1 < r < 1)$

$\Rightarrow S = \dfrac{a}{1-r}$

② **Telescope Series**

- $\displaystyle\sum_{n=1}^{\infty} \frac{1}{n(n+1)} = \sum_{n=1}^{\infty} \left(\frac{1}{n} - \frac{1}{n+1}\right) = \left(1 - \frac{1}{2}\right) + \left(\frac{1}{2} - \frac{1}{3}\right) + \left(\frac{1}{3} - \frac{1}{4}\right) + \cdots + \left(\frac{1}{n} - \frac{1}{n+1}\right) + \cdots$

$$= 1$$

$\Rightarrow$ 다음의 경우도 알아두자.

$$S_n = a_1 + a_2 + a_3 + \cdots + a_{n-1} + a_n$$
$$- \quad\Big|\; S_{n-1} = a_1 + a_2 + a_3 + \cdots + a_{n-1}$$
$$\overline{\qquad\qquad\qquad\qquad\qquad\qquad\qquad}$$
$$S_n - S_{n-1} = a_n$$

76. $\sum\limits_{n=1}^{\infty}(-\frac{1}{3})^n =$

(A) $-\frac{1}{4}$

(B) $-\frac{1}{3}$

(C) 1

(D) $\frac{4}{3}$

77. $\sum\limits_{n=1}^{\infty}\frac{1}{n^2+3n+2} =$

(A) $\frac{1}{2}$

(B) 1

(C) 2

(D) 4

78. $\lim\limits_{n\to\infty}\sum\limits_{k=1}^{n}\frac{1}{(2k-1)(2k+1)} =$

(A) $\frac{1}{8}$

(B) $\frac{1}{4}$

(C) $\frac{1}{2}$

(D) 1

Solution

76. (A)

$$\sum_{n=1}^{\infty}(-\frac{1}{3})^n=-\frac{1}{3}+\frac{1}{9}-\frac{1}{27}+\frac{1}{81}-\frac{1}{243}+\cdots=\frac{-\frac{1}{3}}{1+\frac{1}{3}}=\frac{-\frac{1}{3}}{\frac{4}{3}}=-\frac{1}{4}$$

77. (A)

$$\sum_{n=1}^{\infty}\frac{1}{(n+1)(n+2)}\ \Rightarrow\ \lim_{n\to\infty}\sum_{k=1}^{n}\frac{1}{(k+1)(k+2)}$$

$$\Rightarrow\ \lim_{n\to\infty}\sum_{k=1}^{n}(\frac{A}{k+1}-\frac{B}{k+2})=\lim_{n\to\infty}\sum_{k=1}^{n}\frac{(A-B)k+2A-B}{(k+1)(k+2)}\ 에서$$

$A-B=0,\ 2A-B=1$이므로 $A=B=1$.

$$\Rightarrow\ \lim_{n\to\infty}\sum_{k=1}^{n}(\frac{1}{k+1}-\frac{1}{k+2})=\lim_{n\to\infty}\left\{(\frac{1}{2}-\frac{1}{3})+(\frac{1}{3}-\frac{1}{4})+(\frac{1}{4}-\frac{1}{5})+\cdots+(\frac{1}{n+1}-\frac{1}{n+2})\right\}$$

$$=\lim_{n\to\infty}(\frac{1}{2}-\frac{1}{n+2})=\frac{1}{2}-\frac{1}{\infty}=\frac{1}{2}$$

78. (C)

$$\lim_{n\to\infty}\sum_{k=1}^{n}(\frac{A}{2k-1}-\frac{B}{2k+1})=\lim_{n\to\infty}\sum_{k=1}^{n}\frac{(2A-2B)k+A+B}{(2k-1)(2k+1)}\ 에서$$

$2A-2B=0,\ A+B=1$이므로 $A=\frac{1}{2},\ B=\frac{1}{2}$

그러므로, $\dfrac{1}{2}\displaystyle\lim_{n\to\infty}\sum_{k=1}^{n}(\frac{1}{2k-1}-\frac{1}{2k+1})=\frac{1}{2}\lim_{n\to\infty}\left\{(1-\frac{1}{3})+(\frac{1}{3}-\frac{1}{5})+(\frac{1}{5}-\frac{1}{7})+\cdots+(\frac{1}{2n-1}+\frac{1}{2n+1})\right\}$

$$=\frac{1}{2}\lim_{n\to\infty}(1-\frac{1}{2n+1})=\frac{1}{2}(1-\frac{1}{\infty})=\frac{1}{2}$$

Topic 27 - Convergence Test

Geometric Series와 Telescope Series의 경우에는 바로 계산이 가능한 Infinite Series이지만 대부분의 Series는 계산이 복잡하여 계산에 앞서서 "Convergence Test"를 하게 된다. Convergence Test 결과 "Converge"이면 계산을 하게 되고, "Diverge"이면 계산을 안 하게 된다. AP Calculus BC에서는 Converge or Diverge만 판별한다.

다음의 Convergence Tets들은 반드시 암기하자.

1. The diverge Test (The nth term test)

$\Rightarrow$ If $\lim_{n \to \infty} a_n \neq 0$, then $\sum_{n=1}^{\infty} a_n$ diverges.

2. Integral Test

$\Rightarrow$ $\sum_{n=1}^{\infty} a_n$과 $\int_1^{\infty} a_x dx$는 Converge or Diverge 결과 일치

- $\int_1^{\infty} a_x dx = $ Constant이면 $\sum_{n=1}^{\infty} a_n$은 Converge

- $\int_1^{\infty} a_x dx = \infty$ 이면 $\sum_{n=1}^{\infty} a_n$은 Diverge

3. P-Series

$\Rightarrow$ • $\sum_{n=1}^{\infty} \frac{1}{n^P}$에서 $P > 1$이면 Converge, $P \leq 1$이면 Diverge

4. The Direct Comparison Test

$\Rightarrow$ • 큰 것이 Converge 하면 작은 것도 Converge
  • 작은 것이 Diverge 하면 큰 것도 Diverge

(Example)

$\sum_{n=2}^{\infty} \frac{1}{n} < \sum_{n=2}^{\infty} \frac{1}{n-1}$ 이고 P-Series에 의해 $\sum_{n=2}^{\infty} \frac{1}{n}$이 Diverge 하는 것을 알기 때문에

$\sum_{n=2}^{\infty} \frac{1}{n-1}$은 Diverge 한다.

5. Limit Comparison Test

※ 앞에 나온 1. The Diverge Test, 2. Integral Test, 4. The Direct Comparison Test 모두
5. Limit Comparison Test로 해결이 된다.
다음의 (Example)을 푸는 방식대로 따라서 풀면 된다.

(Example)

$$\sum_{n=1}^{\infty} \boxed{\frac{2n^2 - 1}{n^3 + n}} \longrightarrow \overset{①}{\sum_{n=1}^{\infty}} \frac{2n^2}{n^3} \longrightarrow \sum_{n=1}^{\infty} \boxed{\frac{1}{n}} \quad : \text{Diverge}$$

$$\longrightarrow ② \quad \lim_{n \to \infty} \frac{2n^2 - 1}{n^3 + n} \times n \qquad \text{Reciprocal}$$

$$\longrightarrow \lim_{n \to \infty} \frac{2n^3 - n}{n^3 + n} = 2 \qquad \text{(Positive and Finite)}$$

$\longrightarrow$ ③ ②에서의 결과가 "Positive and Finite"이면
①에서 계산한 Diverge or Converge와 그 결과가 일치!

그러므로, 정답은 Diverge.

※ 만약 ②에서의 결과가 "Positive and Finite"가 아니면
Limit Comparison Test를 가지고 Converge or Diverge를 알아낼 수 없다.

6. The Ratio Test

$\sum_{n=1}^{\infty} a_n$ 에서 a_n 이 n_0^1, $(\ )^n$ …와 같은 모양이면 주로 "Ratio Test"를 쓰게 된다.

① $\lim_{n \to \infty} \dfrac{a_{n+1}}{a_n} = \alpha > 1$: Diverge

② $\lim_{n \to \infty} \dfrac{a_{n+1}}{a_n} = \alpha < 1$: Converge

③ $\lim_{n \to \infty} \dfrac{a_{n+1}}{a_n} = \alpha = 1$: Fail

7. The Alternating Series

$\sum\limits_{n=1}^{\infty}(-1)^n \cdot b_n$ 에서   ① $b_n > 0$ ② $b_n > b_{n+1}$ ③ $\lim\limits_{n \to \infty} b_n = 0$의 ①, ②, ③ 모두를 만족하면 Converge, 하나라도 만족하지 못하면 그 결과는 알 수 없다. 그러므로, Alternating Series는 거의 답이 Converge인 경우가 많다. 그러므로, 다음과 같이 좀 더 세세하게 구분을 한다.

1 $\sum\limits_{n=1}^{\infty}|a_n|$ 이 Converge 하고 $\sum\limits_{n=1}^{\infty}a_n$ 도 Converge 하면 Absolute Convergence

2 $\sum\limits_{n=1}^{\infty}|a_n|$ 이 Diverge 하고 $\sum\limits_{n=1}^{\infty}a_n$ 이 Converge 하면 Conditional Convergence

Exercise

79. Which of the following series converges?

I. $\sum_{n=1}^{\infty} \dfrac{1}{n^2+3}$

II. $\sum_{n=1}^{\infty} \dfrac{3^n}{n^3}$

III. $\sum_{n=1}^{\infty} \dfrac{n^2-1}{n^3+n}$

IV. $\sum_{n=1}^{\infty} \dfrac{(-1)^n}{n+5}$

    (A) I and II   (B) II and III   (C) I and IV   (D) II and IV

80. Which of the following series diverges?

I. $\sum_{n=1}^{\infty} \dfrac{n}{n+2}$

II. $\sum_{n=1}^{\infty} \dfrac{n^3}{3^n}$

III. $\sum_{n=1}^{\infty} \dfrac{\cos(2n\pi)}{n}$

    (A) I only   (B) II only   (C) I and III only   (D) II and III only

81. Which of the following series are conditionally convergent?

I. $\displaystyle\sum_{n=1}^{\infty} \frac{(-1)^n}{n}$

II. $\displaystyle\sum_{n=1}^{\infty} \frac{(-1)^n}{n^3}$

III. $\displaystyle\sum_{n=1}^{\infty} \frac{(-1)^n}{\sqrt{n}}$

(A) I only   (B) II only   (C) I and III only   (D) II and III only

82. Which of the following series are absolutely convergent?

I. $\displaystyle\sum_{n=1}^{\infty} \frac{2n \cdot (-1)^n}{n^2 + 1}$

II. $\displaystyle\sum_{n=1}^{\infty} \frac{n}{n^3 + 2n} \cdot (-1)^n$

III. $\displaystyle\sum_{n=1}^{\infty} \frac{(-1)^n}{\sqrt[3]{n}}$

(A) I only   (B) II only   (C) III only   (D) I and II only

Solution

79. (C)

I. Limit Comparison Test!

$$\sum_{n=1}^{\infty} \frac{1}{n^2+3} \Rightarrow \text{①} \sum_{n=1}^{\infty} \frac{1}{n^2} : \text{Converge}$$

$$\Rightarrow \text{②} \lim_{n \to \infty} \frac{1}{n^2+3} \times n^2 = 1 \text{ (Positive and Finite)}$$

$$\Rightarrow \text{③ Converge}$$

II. Ratio Test!

$$\lim_{n \to \infty} \frac{\dfrac{3^n \cdot 3}{(n+1)^3}}{\dfrac{3^n}{n^3}} \Rightarrow \lim_{n \to \infty} \frac{3n^3}{(n+1)^3} = 3 > 1$$

$$\therefore \text{ Diverge}$$

III. Limit Comparison Test!

$$\sum_{n=1}^{\infty} \frac{n^2-1}{n^3+n} \Rightarrow \text{①} \sum_{n=1}^{\infty} \frac{1}{n} : \text{Diverge}$$

$$\Rightarrow \text{②} \lim_{n \to \infty} \frac{n^2-1}{n^3+n} \times n = 1 \text{ (Positive and Finite)}$$

$$\Rightarrow \text{③ Diverge}$$

IV. Alternating Series

$$\sum_{n=1}^{\infty} (-1)^n \cdot \frac{1}{n+5} \text{에서 } b_n = \frac{1}{n+5}$$

① $b_n > 0$ ② $b_n > b_{n+1}$ ③ $\lim_{n \to \infty} b_n = 0$

$$\therefore \text{ Converge}$$

80. (C)

I.

① The Diverge Test!

$$\lim_{n \to \infty} \frac{n}{n+2} = 1 \neq 0 \implies \sum_{n=1}^{\infty} \frac{n}{n+2} \text{는 Diverge}$$

② Limit Comparison Test!

$$\sum_{n=1}^{\infty} \frac{n}{n+2} \implies ① \sum_{n=1}^{\infty} \frac{n}{n} = \sum_{n=1}^{\infty} 1 : \text{Diverge}$$

$$\implies ② \lim_{n \to \infty} \frac{n}{n+2} \times 1 = 1 \text{ (Positive and Finite)}$$

$$\implies ③ \text{ Diverge.}$$

II. Ratio Test!

$$\lim_{n \to \infty} \frac{\dfrac{(n+1)^3}{3^n \cdot 3}}{\dfrac{n^3}{3^n}} \implies \lim_{n \to \infty} \frac{(n+1)^3}{3n^3} = \frac{1}{3} < 1$$

$\therefore$ Converge

III. $\cos(2n\pi) = 1$ 이므로

$$\sum_{n=1}^{\infty} \frac{1}{n} \quad (\text{※ P-Series에 의해서 Diverge})$$

그러므로, Diverge.

81. (C)

I.
- $\sum_{n=1}^{\infty} \left| \frac{(-1)^n}{n} \right| = \sum_{n=1}^{\infty} \frac{1}{n}$: Diverge

- $\sum_{n=1}^{\infty} (-1)^n \cdot \frac{1}{n} \implies b_n = \frac{1}{n}$ 이므로 ① $b_n > 0$ ② $b_n > b_{n+1}$ ③ $\lim_{n \to \infty} b_n = 0$

  : Converge

$\implies$ Conditional Convergence

II.
- $\sum_{n=1}^{\infty} \left| \frac{(-1)^n}{n^3} \right| = \sum_{n=1}^{\infty} \frac{1}{n^3}$: Converge

- $\sum_{n=1}^{\infty} (-1)^n \cdot \frac{1}{n^3} \implies b_n = \frac{1}{n^3}$ 이므로 ① $b_n > 0$ ② $b_n > b_{n+1}$ ③ $\lim_{n \to \infty} b_n = 0$

  : Converge

$\implies$ Absolute Convergence

III.
- $\sum_{n=1}^{\infty} \left| \frac{(-1)^n}{n^{\frac{1}{2}}} \right| = \sum_{n=1}^{\infty} \frac{1}{n^{\frac{1}{2}}}$: Diverge

- $\sum_{n=1}^{\infty} (-1)^n \cdot \frac{1}{n^{\frac{1}{2}}} \implies b_n = \frac{1}{n^{\frac{1}{2}}}$ 이므로 ① $b_n > 0$ ② $b_n > b_{n+1}$ ③ $\lim_{n \to \infty} b_n = 0$

  : Converge

$\implies$ Conditional Convergence

82. (B)

I.

- $\displaystyle\sum_{n=1}^{\infty}\left|\frac{2n\cdot(-1)^n}{n^2+1}\right|=\sum_{n=1}^{\infty}\frac{2n}{n^2+1}\ \Rightarrow\ ①\ \sum_{n=1}^{\infty}\frac{2}{n}$: Diverge

$\Rightarrow\ ②\ \displaystyle\lim_{n\to\infty}\frac{2n}{n^2+1}\times\frac{n}{2}=1$ (Positive and Finite)

$\Rightarrow\ ③$ Diverge.

- $\displaystyle\sum_{n=1}^{\infty}(-1)^n\cdot\frac{2n}{n^2+1}$ 에서 $b_n=\frac{2n}{n^2+1}$

① $b_n>0$ ② $b_n>b_{n+1}$ ③ $\displaystyle\lim_{n\to\infty}b_n=0$: Converge

$\Rightarrow$ Conditional Convergence

II.
- $\displaystyle\sum_{n=1}^{\infty}\left|\frac{n}{n^3+2n}\right|=\sum_{n=1}^{\infty}\frac{n}{n^3+2n}\ \Rightarrow\ ①\ \sum_{n=1}^{\infty}\frac{n}{n^3}=\sum_{n=1}^{\infty}\frac{1}{n^2}$: Converge

$\Rightarrow\ ②\ \displaystyle\lim_{n\to\infty}\frac{n}{n^3+2n}\times n^2=1$ (Positive and Finite)

$\Rightarrow\ ③$ Converge.

- $\displaystyle\sum_{n=1}^{\infty}(-1)^n\cdot\frac{n}{n^3+2n}$ 에서 $b_n=\frac{n}{n^3+2n}$

① $b_n>0$ ② $b_n>b_{n+1}$ ③ $\displaystyle\lim_{n\to\infty}b_n=0$: Converge

$\Rightarrow$ Absolute Convergence

III.
- $\displaystyle\sum_{n=1}^{\infty}\left|\frac{(-1)^n}{n^{\frac{1}{3}}}\right|=\sum_{n=1}^{\infty}\frac{1}{n^{\frac{1}{3}}}$: Diverge

- $\displaystyle\sum_{n=1}^{\infty}(-1)^n\cdot\frac{1}{n^{\frac{1}{3}}}$ 에서 $b_n=\frac{1}{n^{\frac{1}{3}}}$

① $b_n>0$ ② $b_n>b_{n+1}$ ③ $\displaystyle\lim_{n\to\infty}b_n=0$: Converge

$\Rightarrow$ Conditional Convergence

146

Topic 28 - Interval of Convergence

우리는 왜 "Interval of Convergence"를 구하는 것일까?

1️⃣ $\displaystyle\sum_{n=1}^{\infty} \frac{2^n}{n}$ ⇒ "Ratio Test"를 이용해 Converge인지 Diverge인지를 결정한다.

2️⃣ $\displaystyle\sum_{n=1}^{\infty} \frac{2^n}{n} \cdot x^n$ ⇒ "Interval of Convergence"를 계산한다.

　　　　　　　　 즉, n이 아닌 x가 포함되어 있기에 x값의 범위가 어떻게 될 때

　　　　　　　　 $\displaystyle\sum_{n=1}^{\infty} \frac{2^n}{n} \cdot x^n$ 이 Converge 하는지를 조사하게 된다.

다음을 반드시 알아 두자.

$$\sum_{n=1}^{\infty} a_n \Rightarrow \lim_{n\to\infty}\left|\frac{a_{n+1}}{a_n}\right| = \left|\frac{x}{a}\right| < 1 \Rightarrow |x| < a \Rightarrow -a < x < a$$

　　⇒ ① Radius of Convergence : a or $\dfrac{a-(-a)}{2}$

　　⇒ ② Interval of Convergence :

$$\begin{array}{l} -a < x < a \\ -a \leq x < a \\ -a \leq x \leq a \\ -a < x \leq a \end{array}$$

※ x의 범위를 구한 후 주어진 Series에 x 대신 a, $-a$를 대입하여 Converge 하게 되면 "="이 포함되는 것이다.

Exercise

83. What are all values of x for which the series $\displaystyle\sum_{n=1}^{\infty} \frac{x^n}{(n+2)\cdot 3^n}$ converges?

(A) $-3 \le x < 3$

(B) $-3 < x < 3$

(C) $-3 < x \le 3$

(D) $-3 \le x \le 3$

Solution

83. (A)

$$\lim_{n \to \infty}\left| \frac{\dfrac{x^n \cdot x}{(n+3) \cdot 3^n \cdot 3}}{\dfrac{x^n}{(n+2) \cdot 3^n}}\right| < 1 \text{에서 } \lim_{n \to \infty}\left| \frac{n+2}{3(n+3)} \cdot x\right| < 1 \Rightarrow \frac{|x|}{3} < 1$$

그러므로, $|x| < 3 \Rightarrow$ Radius of Convergence는 3이고 $-3 < x < 3$

또는 Radius of Convergence를 $\dfrac{3-(-3)}{2} = 3$으로 구할 수도 있다.

1️⃣ $x = -3$일 때,

$$\sum_{n=1}^{\infty} \frac{(-1)^n \cdot 3^n}{(n+2) \cdot 3^n} = \sum_{n=1}^{\infty} \frac{1}{n+2} \cdot (-1)^n \text{에서 } b_n = \frac{1}{n+2} \text{ 라고 하면}$$

- $b_n > 0$ • $b_n > b_{n+1}$ • $\lim_{n \to \infty} b_n = 0$

그러므로, Converge

2️⃣ $x = 3$일 때,

$$\sum_{n=1}^{\infty} \frac{3^n}{(n+2) \cdot 3^n} = \sum_{n=1}^{\infty} \frac{1}{n+2} \Rightarrow \text{``Limit Comparison Test'' 사용}$$

$$\Rightarrow \sum_{n=1}^{\infty} \frac{1}{n+2} \Rightarrow \text{①} \sum_{n=1}^{\infty} \frac{1}{n} : \text{Diverge}$$

$$\Rightarrow \text{②} \lim_{n \to \infty} \frac{1}{n+2} \times n = 1 \text{ (Positive and Finite)}$$

$$\Rightarrow \text{③ Diverge}$$

그러므로, Interval of Convergence는 $-3 \le x < 3$

Topic 29 - Taylor's Series

① Taylor's Series about $x = a$

$\Rightarrow f(x) = f(a) + f'(a)(x-a) + \dfrac{f''(a)}{2!}(x-a)^2 + \dfrac{f'''(a)}{3!}(x-a)^3 + \cdots + \dfrac{f^{(n)}(a)}{n!}(x-a)^n + \cdots$

② Taylor's Series about $x = 0$ (Maclaurin's Series)

$\Rightarrow f(x) = f(0) + f'(0)x + \dfrac{f''(0)}{2!}x^2 + \dfrac{f'''(0)}{3!}x^3 + \cdots + \dfrac{f^{(n)}(0)}{n!}x^n + \cdots$

③ Common Maclaurin Series

- $\sin x = x - \dfrac{1}{3!}x^3 + \dfrac{1}{5!}x^5 - \dfrac{1}{7!}x^7 + \cdots$

- $\cos x = 1 - \dfrac{1}{2!}x^2 + \dfrac{1}{4!}x^4 - \dfrac{1}{6!}x^6 + \cdots$

- $e^x = 1 + x + \dfrac{1}{2!}x^2 + \dfrac{1}{3!}x^3 + \dfrac{1}{4!}x^4 + \cdots$

- $\ln(1+x) = x - \dfrac{1}{2}x^2 + \dfrac{1}{3}x^3 - \dfrac{1}{4}x^4 + \cdots$

- $\tan^{-1}x = x - \dfrac{1}{3}x^3 + \dfrac{1}{5}x^5 - \dfrac{1}{7}x^7 + \cdots$

$\Rightarrow$ 위의 ①, ②, ③은 모두 암기하여야 한다.

Maclaurin's Series의 경우 ③ Common Maclaurin Series로 우선 해결이 되는지 보고 해결이 안 되면 ②번으로 해결해야 한다. "③ Common Maclaurin Series"를 이용하다 보면 Series 문제를 쉽 게 해결할 수 있는 것들이 많다.

Exercise

84. The nth derivative of a function f at $x=3$ is given by $f^{(n)}(3)=(-1)^n \cdot \dfrac{n^2}{3^n}$ for all $n \geq 0$.

Which of the following is the Taylor series for f?

(A) $-\dfrac{1}{3}(x-3)+\dfrac{4}{9}(x-3)^2-\dfrac{1}{6}(x-3)^3+\cdots$

(B) $-\dfrac{1}{3}(x-3)+\dfrac{2}{9}(x-3)^2-\dfrac{1}{3}(x-3)^3+\cdots$

(C) $-\dfrac{1}{3}(x-3)+\dfrac{2}{9}(x-3)^2-\dfrac{1}{18}(x-3)^3+\cdots$

(D) $-\dfrac{1}{3}(x-3)+\dfrac{4}{9}(x-3)^2-\dfrac{1}{3}(x-3)^3+\cdots$

85. $\dfrac{e^x}{1+x^3}=$

(A) $1-x^6+x^9+x^{12}+\cdots$

(B) $e^x-e^x x+e^x x^2-e^x x^3+\cdots$

(C) $1-x^3+x^6+x^9+\cdots$

(D) $e^x-e^x x^3+e^x x^6-e^x x^9+\cdots$

86. Which of the following is the first four non-zero terms of the Taylor series for $\displaystyle\int_0^x \frac{t}{1+t^3}\,dt$ about $x = 0$?

(A) $x - x^4 + x^7 - x^{10} + \cdots$

(B) $\dfrac{1}{2}x^2 - \dfrac{1}{5}x^5 + \dfrac{1}{8}x^8 - \dfrac{1}{11}x^{11} + \cdots$

(C) $x - \dfrac{1}{4}x^4 + \dfrac{1}{7}x^7 - \dfrac{1}{10}x^{10} + \cdots$

(D) $\dfrac{1}{2}x^2 - \dfrac{1}{4}x^4 + \dfrac{1}{7}x^7 - \dfrac{1}{9}x^9 + \cdots$

87. Let $P(x) = 2x - 2x^2 + 4x^3 - 4x^4 + 6x^5$ be the fifth-degree Taylor polynomial for the function f about $x = 0$. What is the value of $f^{(5)}(0)$?

(A) 180   (B) 320   (C) 720   (D) 1440

88. The f is defined by the power series $f(x) = \sum\limits_{n=0}^{\infty} \dfrac{(-1)^n \cdot x^{2n}}{(n+2)!}$ for all real number x. Which of the following statement about f is true?

(A) f has a relative minimum at $x = 0$.
(B) f has a relative maximum at $x = 0$.
(C) f has a inflection point at $x = 0$.
(D) $f(0) < 0$

⚠️ Solution

84. (C)

① $n = 0$일 때, $f^{(0)}(3) = 0$

② $n = 1$일 때, $f^{(1)}(3) = -\dfrac{1}{3}$

③ $n = 2$일 때, $f^{(2)}(3) = \dfrac{4}{9}$

④ $n = 3$일 때, $f^{(3)}(3) = -\dfrac{9}{27} = -\dfrac{1}{3}$

Taylor Series about $x = 3$은

$$f(x) = f(3) + f'(3)(x-3) + \frac{f''(3)}{2!}(x-3)^2 + \frac{f'''(3)}{3!}(x-3)^3 + \cdots \text{ 이므로}$$

$$f(x) = -\frac{1}{3}(x-3) + \frac{2}{9}(x-3)^2 - \frac{1}{18}(x-3)^3 + \cdots$$

85. (D)

$\ln(1+x) = x - \dfrac{1}{2}x^2 + \dfrac{1}{3}x^3 - \dfrac{1}{4}x^4 + \cdots$에서 양변을 Differentiate!

$\dfrac{1}{1+x} = 1 - x + x^2 - x^3 + \cdots$에 x 대신 x^3을 대입

$\Rightarrow \dfrac{1}{1+x^3} = 1 - x^3 + x^6 - x^9 + \cdots$ 양변에 e^x를 곱하면

$\Rightarrow \dfrac{e^x}{1+x^3} = e^x - e^x x^3 + e^x x^6 - e^x x^9 + \cdots$

86. (B)

$\int \dfrac{t}{1+t^3}\,dt$는 바로 계산할 수가 없다. 그러므로 Common Maclaurin Series를 이용한다.

$\ln(1+x) = x - \dfrac{1}{2}x^2 + \dfrac{1}{3}x^3 - \dfrac{1}{4}x^4 + \cdots$

Differentiate $\Rightarrow \dfrac{1}{1+x} = 1 - x + x^2 - x^3 + \cdots$

x 대신 x^3 대입 $\Rightarrow \dfrac{1}{1+x^3} = 1 - x^3 + x^6 - x^9 + \cdots$

양변에 x 곱하기 $\Rightarrow \dfrac{x}{1+x^3} = x - x^4 + x^7 - x^{10} + \cdots$

그러므로, $\dfrac{t}{1+t^3} = t - t^4 + t^7 - t^{10} + \cdots$

$\displaystyle\int_0^x \dfrac{t}{1+t^3}\,dt = \int_0^x (t - t^4 + t^7 - t^{10} + \cdots)\,dt$

$\qquad\qquad = \dfrac{1}{2}x^2 - \dfrac{1}{5}x^5 + \dfrac{1}{8}x^8 - \dfrac{1}{11}x^{11} + \cdots$

87. (C)

Taylor Polynomial about $x = 0$

$\Rightarrow f(x) = f(0) + f'(0)x + \dfrac{f''(0)}{2!}x^2 + \dfrac{f'''(0)}{3!}x^3 + \cdots + \dfrac{f^{(n)}(0)}{n!}x^n + \cdots$ 에서

$\dfrac{f^{(5)}(0)}{5!} = 6$이므로 $f^{(5)}(0) = 6 \times 5! = 720$

88. (B)

$f(x) = \displaystyle\sum_{n=0}^{\infty} \dfrac{(-1)^n \cdot x^{2n}}{(n+2)!} = \dfrac{1}{2!} - \dfrac{1}{3!}x^2 + \dfrac{1}{4!}x^4 - \dfrac{1}{5!}x^6 + \cdots$ 로부터

$f'(x) = -\dfrac{2}{3!}x + \dfrac{4}{4!}x^3 - \dfrac{6}{5!}x^5 + \cdots$ 에서 $f'(0) = 0$

$f''(x) = -\dfrac{2}{3!} + \dfrac{12}{4!}x^2 - \dfrac{6 \cdot 5}{5!}x^4 + \cdots$ 에서 $f''(0) = -\dfrac{2}{3!} = -\dfrac{1}{3} < 0$

그러므로, f는 $x = 0$에서 Relative Minimum을 갖는다.

$f(0) = \dfrac{1}{2!} > 0$, 그러므로 정답은 (B).

Topic 30 - Error Bound

① Lagrange Error Bound

⇒ Exact Value를 $f(x)$, Approximation을 $P(x)$, Remainder를 $R(x)$라고 할 때,

$$|f_n(x) - P_n(x)| = |R_n(x)| \leq \frac{|M|}{(n+1)!} \cdot (x-a)^{n+1}$$

※ $|M|$은 Maximum Value인데 주어진 범위 내에서 정확한 Maximum Value라기보다는 대략적인 Maximum Value이다. 예를 들어, $\sin x$의 Maximum은 1이지만 $0 \leq x \leq \frac{\pi}{4}$ 범위에서는 $\frac{\sqrt{2}}{2}$ 이다. 하지만, 보통 이렇게 Maximum Value가 확실한 경우가 아니라면 주어진 범위에 상관없이 1을 쓰게 된다. 그 이유는 우리는 정확한 Value를 찾는 것이 아니고 우리가 구한 값의 Error가 어느 범위 내에 있는지 정도만 찾기 때문이다.

② Alternating Series with Error Bound

⇒ n을 n번째 term이라고 하고 $f(x)$를 Exact Value, $P(x)$를 Approximation이라고 할 때,

$$|f_n(x) - P_n(x)| = |R_n(x)| < |a_{n+1}|$$

> **Proof**

① $\underbrace{\sum_{n=1}^{\infty} \frac{(-1)^{n+1}}{n}}_{\substack{\text{Exact}\\\text{Value}}} = \underbrace{1 - \frac{1}{2} + \frac{1}{3} - \frac{1}{4}}_{\substack{\text{Approximate}\\\text{Value} = P_4(x)}} + \underbrace{\frac{1}{5} - \frac{1}{6} + \frac{1}{7} - \frac{1}{8} + \frac{1}{9} - \cdots}_{\substack{\text{Remainder}\\= R_4(x)}}$

$\longrightarrow R_4(x) = \underbrace{\boxed{\frac{1}{5}}}_{= a_5} - \underbrace{\left(\frac{1}{6} - \frac{1}{7}\right)}_{\substack{= \text{Positive}\\\text{Value}}} - \underbrace{\left(\frac{1}{8} - \frac{1}{9}\right)}_{\substack{= \text{Positive}\\\text{Value}}}$

$\longrightarrow \underbrace{R_4(x) < \left|\frac{1}{5}\right|}_{= a_5}$

② $\displaystyle\sum_{n=1}^{\infty}\frac{(-1)^n}{n} = -1 + \frac{1}{2} - \frac{1}{3} + \frac{1}{4} - \frac{1}{5} + \frac{1}{6} - \frac{1}{7} + \frac{1}{8} - \frac{1}{9} + \cdots$

$\underbrace{\qquad\qquad}_{\substack{\text{Exact}\\\text{Value}}}$ $\underbrace{\qquad\qquad\qquad}_{\substack{\text{Approximate}\\\text{Value} = P_4(x)}}$ $\underbrace{\qquad\qquad\qquad\qquad}_{\substack{\text{Remainder}\\ = R_4(x)}}$

$\longrightarrow\ R_4(x) = \boxed{-\dfrac{1}{5}} + \left(\dfrac{1}{6} - \dfrac{1}{7}\right) + \left(\dfrac{1}{8} - \dfrac{1}{9}\right)$

$\underbrace{\qquad}_{= a_5}$ $\underbrace{\qquad}_{\substack{= \text{Positive}\\\text{Value}}}$ $\underbrace{\qquad}_{\substack{= \text{Positive}\\\text{Value}}}$

$\longrightarrow\ R_4(x) > -\dfrac{1}{5} \qquad\qquad \longrightarrow\ |R_4(x)| < \left|-\dfrac{1}{5}\right|$

그러므로, $f(x)$를 Exact Value, $P(x)$를 Approximation이라고 하면
$|f_n(x) - P_n(x)| < |a_{n+1}|$의 식이 성립하게 된다.

Exercise

89. Let function f has derivatives of all orders and the Maclaurin Series

for f is $\displaystyle\sum_{n=0}^{\infty}(-1)^n\frac{(0.3)^{2n}}{2n+1}$.

(1) Write the first three nonzero terms.

(2) Show that the estimate found in part (1) differs from the actual value of $\displaystyle\sum_{n=0}^{\infty}(-1)^n\frac{(0.3)^{2n}}{2n+1}$ by

less than $\dfrac{0.3^6}{7}$.

90. Let f be a function having derivatives of all orders for $x > 0$ and $P_n(x)$ be the nth-degree Taylor polynomial for f about $x = 0$. Assume that f is a function with $\left|f^{(n+1)}(x)\right| \leq 3$ for all n and all real x. What is the least integer n for which you can be sure that $P_n\left(\frac{1}{5}\right)$ approximates $f\left(\frac{1}{5}\right)$ within 0.005?

(A) 1   (B) 2   (C) 3   (D) 4

Solution

89.

(1) $1 - \dfrac{0.3^2}{3} + \dfrac{0.3^4}{5}$

(2) $1 - \dfrac{0.3^2}{3} + \dfrac{0.3^4}{5} - \dfrac{0.3^6}{7} + \cdots$ 로부터 $|R| < \left| -\dfrac{0.3^6}{7} \right| = \dfrac{0.3^6}{7}$.

90. (B)

$\left| f^{(n+1)}(x) \right| \leq 3$ 으로부터 Maximum Value는 3.

$\left| f\left(\dfrac{1}{5}\right) - P_n\left(\dfrac{1}{5}\right) \right| = \left| R_n\left(\dfrac{1}{5}\right) \right| \leq \dfrac{3}{(n+1)!}\left(\dfrac{1}{5}\right)^{n+1} < 0.005$

① $n = 1$일 때, $\dfrac{3}{2!}\left(\dfrac{1}{5}\right)^2 = 0.06$

② $n = 2$일 때, $\dfrac{3}{3!}\left(\dfrac{1}{5}\right)^3 = 0.004$

③ $n = 3$일 때, $\dfrac{3}{4!}\left(\dfrac{1}{5}\right)^4 = 0.0002$

그러므로, $n = 2$

AP Calculus BC
☀ Practice Test 1

CALCULUS BC
SECTION I, Part A
Time-60 minutes
Number of questions-30

A CALCULATOR MAY NOT BE USED ON THIS PART OF THE EXAMINATION.

Directions: Solve each of the following problems, using the available space for scratchwork. After examining the form of the choices, decide which is the best of the choices given and fill in the corresponding oval on the answer sheet. No credit will be given for anything written in the test book. Do not spend too much time on any one problem.

In this test:

(1) Unless otherwise specified, the domain of a function is assumed to be the set of all real numbers x for which $f(x)$ is a real number.

(B) The inverse of a trigonometric function f may be indicated using the inverse function notation f^{-1} or with the prefix "arc" (e.g., $\sin^{-1}x = \arcsin x$).

1. $\int x^3\cos(x^4)dx =$

(A) $\frac{1}{4}\cos x^4 + C$

(B) $\frac{1}{4}\cos x + C$

(C) $\frac{1}{4}\sin(x^4) + C$

(D) $\frac{1}{4}\sin x + C$

2. $\lim_{x\to1} \dfrac{\displaystyle\int_1^x e^{t^5}dt}{3x^3 - 3}$ is

(A) $\dfrac{e}{9}$

(B) 9

(C) e

(D) $9e$

3. Let f be a function with first derivative $f'(x) = \sqrt{1+5x}$. The coefficient of x^2 in the Taylor series for f about $x = 0$ is

(A) $\dfrac{5}{2}$

(B) $\dfrac{5}{4}$

(C) 1

(D) 2

4. If $f(x) = 3x^2 + 1$ and $g(x) = \cos x$, then $(g \circ f)'$ is

(A) $-6x\cos(3x^2 + 1)$

(B) $6\sin(3x^2 + 1)$

(C) $\sin(3x^2 + 1)$

(D) $-6x\sin(3x^2 + 1)$

5. If $x(t) = t^2 + 1$ and $y(t) = t^4 + 2$, for $t > 0$, then in terms of t, $\dfrac{d^2 y}{dx^2} =$

(A) t

(B) $\dfrac{1}{t}$

(C) 1

(D) 2

6. If $f''(x) = (x-1)^2(x+1)(x+3)^3$, then the graph of $f(x)$ has inflection point(s) when $x =$

(A) -3

(B) -1

(C) -1 and 1

(D) -3 and -1

7. Which of the following series converge?

I. $\displaystyle\sum_{n=1}^{\infty} \frac{n+1}{2n^3 + n^2 + 3}$

II. $\displaystyle\sum_{n=1}^{\infty} \frac{3^n}{n^2}$

III. $\displaystyle\sum_{n=1}^{\infty} \frac{1}{n\sqrt{n}}$

(A) I only
(B) II only
(C) I and III only
(D) II and III only

8. The base of a solid is the region in the first quadrant by the parabola $y = e^x$, the line $x = 3$, and the x−axis. Each plane section of the solid perpendicular to the x−axis is square. What is the volume of the solid?

(A) $2(e^3 - 1)$

(B) $\dfrac{1}{2}(e^3 - 1)$

(C) $e^6 - 1$

(D) $\dfrac{1}{2}(e^6 - 1)$

x	1	2	3	4	5
$f''(x)$	3	4	1	-1	-2

9. The polynomial function f has selected values of its second derivative f'' given in the table above. Which of the following statements must be true?

(A) f has relative maximum at $x = 2$.

(B) f is concave down on the interval $(1, 3)$.

(C) f has at least one inflection point on the interval $(3, 4)$.

(D) f is decreasing on the interval $(4, 5)$.

x	$f(x)$	$f'(x)$
1	1	2
2	3	5
3	4	6

10. The table above gives selected values for a differentiable function f and its derivative. If g is the inverse function of f, what is the value of $g'(3)$?

(A) $\dfrac{1}{5}$

(B) $\dfrac{1}{6}$

(C) $\dfrac{1}{2}$

(D) 3

11. The length of the arc of $y = f(x)$ from $x = 1$ to $x = 7$ is given by $\int_{1}^{7} \sqrt{1 + 9x^4}\, dx$.

What is the equation of the line tangent to the graph of $y = f(x)$ at the point $(-2, 3)$?
(A) $y = 12x + 27$
(B) $y = 12x + 24$
(C) $y = 3x + 12$
(D) $y = 3x + 24$

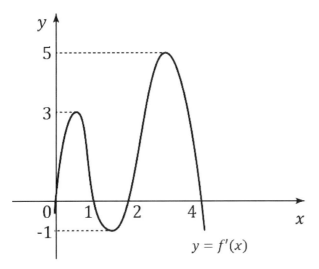

$y = f'(x)$

12. The graph of f', the derivative of the function f, is shown above. Which of the following must be true?

I. $f(4) > f(1)$
II. $f(2) > f(0)$
III. $f(2) > f(1)$

(A) I only
(B) II only
(C) I and II only
(D) II and III only

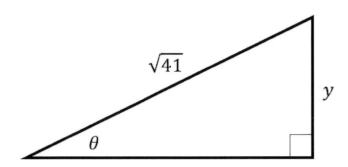

13. In the triangle shown above, if θ increases at a constant rate of 5 radians per second, at what rate is y increasing in units per minute when y equals 4 units?

(A) 5

(B) $\dfrac{5}{\sqrt{41}}$

(C) 25

(D) $\sqrt{41}$

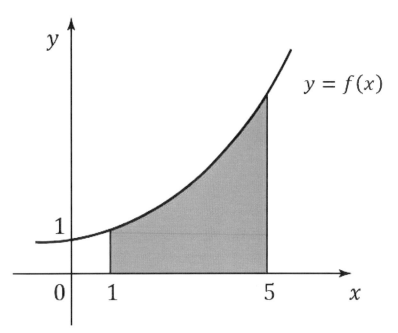

14. The function f is given by $f(x) = 3^x$. The graph f is shown above. Which of the following limits is equal to the area of the shaded region?

(A) $\displaystyle\lim_{n \to \infty} \sum_{k=1}^{n} 3^{\frac{4}{n}k} \cdot \frac{5}{n}$

(B) $\displaystyle\lim_{n \to \infty} \sum_{k=1}^{n} 3^{1+\frac{4}{n}k} \cdot \frac{5}{n}$

(C) $\displaystyle\lim_{n \to \infty} \sum_{k=1}^{n} 3^{1+\frac{4}{n}k} \cdot \frac{4}{n}$

(D) $\displaystyle\lim_{n \to \infty} \sum_{k=1}^{n} 3^{\frac{4}{n}k} \cdot \frac{4}{n}$

15. What is the slope of the line tangent to the polar curve $r = 4\sin\theta + 1$ at the point where $\theta = \dfrac{\pi}{2}$?

(A) 0

(B) $\dfrac{1}{2}$

(C) 1

(D) 2

x	$f(x)$	$f'(x)$	$f''(x)$	$f'''(x)$
5	0	0	0	2

16. The third derivative of the function f is continuous on the interval $(0, 6)$. Values for f and its first three derivatives at $x = 5$ are given in the table above. What is $\displaystyle\lim_{x \to 5} \dfrac{2f(x)}{(x-5)^3}$?

(A) 0

(B) $\dfrac{2}{3}$

(C) 1

(D) The limit does not exist

17. The function f is continuous for $1 \le x \le 5$ and differentiable for $1 < x < 5$. If $f(1) = -3$ and $f(5) = 3$, which of the following statements could be false?

(A) There exists c, where $1 < c < 5$, such that $f(c) = 0$.

(B) There exists c, where $1 \le c \le 5$, such that $f(c) \le f(x)$ for all x on the closed interval $1 \le x \le 5$.

(C) There exists c, where $1 < c < 5$, such that $f'(c) = \dfrac{3}{2}$.

(D) There exists c, where $1 < c < 5$, such that $f'(c) = 0$.

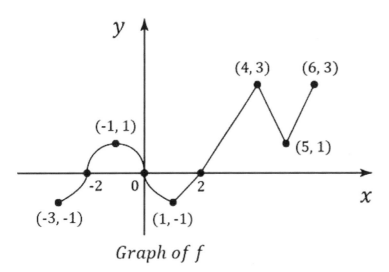

Graph of f

18. The function f is defined on the closed interval $[-3, 6]$. Let g be the function defined by $g(x) = \displaystyle\int_{-3}^{x} f(t)\,dt$. Which of the following statements is true about g?

(A) g is not differentiable at $x = 1, 4,$ and 5.

(B) g has a local minimum at $x = 0$.

(C) g is concave down and decreasing for $0 < x < 1$.

(D) g is increasing and concave up for $1 \le x \le 6$.

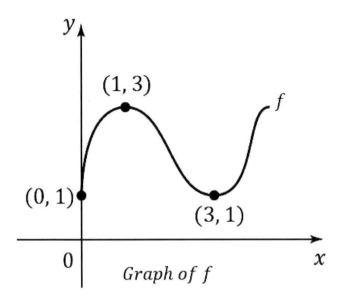

(1, 3)

f

(0, 1)

(3, 1)

0

x

Graph of f

19. The graph of the function f is shown in the figure above. If $h(x) = \int_1^{3x} f(t)dt$, what is the value of $h'(1)$?

(A) 3
(B) 6
(C) 9
(D) 12

Time t (minute)	1	2	3	4	5
Temperature $H(t)$ ($^\circ C$)	17	22	36	45	78

20. The table above shows the change in temperature over time as water is boiled in a pot. The function $H(t)$ is increasing and twice differentiable. Which of the following must be true?

(A) $H''(t) > 0$

(B) $\displaystyle\int_{1}^{5} H'(t)dt = 55$

(C) The average temperature of the water using a left Riemann Sum with four subintervals indicated by the data in the table is 30.

(D) $H(t)$ has an inflection point at $t = 2$.

21. The result obtained by calculating $\int x^2 \cdot \tan^{-1}x\,dx$ is $(1)-(2)\int (3)dx + C$. Which of the following is appropriate for (1), (2) and (3)?

(A) (1) $x^2 \cdot \tan^{-1}x$ (2) 2   (3) $x \cdot \tan^{-1}x$

(B) (1) $x^2 \cdot \tan^{-1}x$ (2) 2   (3) $x - x^3 + x^5 - x^7 + \cdots$

(C) (1) $\dfrac{1}{3}x^3 \cdot \tan^{-1}x$ (2) $\dfrac{1}{3}$ (3) $x^3 - x^5 + x^7 - x^9 + \cdots$

(D) (1) $\dfrac{1}{3}x^3 \cdot \tan^{-1}x$ (2) $\dfrac{1}{3}$ (3) $1 - x^2 + x^4 - x^6 + \cdots$

Velocity
(ft/sec)

(3, 3)

0   2   5   7 t (time)

(6, −1)

22. The graph above shows the velocity of an object moving along a straight line during the time interval $0 \le t \le 7$. Which of the following must be true?
(A) This object changes its direction at time $t = 6$.
(B) This object has maximum speed at time $t = 2$.
(C) Position graph of this object has inflection point at time $t = 3$, $t = 6$.
(D) Speed of this object is increasing over the time interval $0 \le t \le 2$.

23. The function f is defined by the series $f(x) = \displaystyle\sum_{n=1}^{\infty} \frac{(-1)^{n+1} \cdot (n+1) \cdot x^n}{(n+2)}$ for all real numbers

x for which the series converges. Which of the following must be true?

(A) f has relative maximum at $x = 0$.

(B) f is concave up at $x = 0$.

(C) Radius of convergence of f is 2.

(D) Interval of convergence of f is $-1 < x < 1$.

24. $\displaystyle\int \frac{1}{x^2 + 10x + 26}\,dx =$

(A) 1

(B) $\tan^{-1} x + C$

(C) $\sin^{-1}(x+1) + C$

(D) $\tan^{-1}(x+5) + C$

25. $\int_0^x \cos(t^2)\,dt =$

(A) $x - \dfrac{1}{3}x^3 + \dfrac{1}{5}x^5 - \dfrac{1}{7}x^7 + \cdots$

(B) $x - \dfrac{1}{5}x^5 + \dfrac{1}{9}x^9 - \dfrac{1}{13}x^{13} + \cdots$

(C) $x - \dfrac{1}{5\cdot 2!}x^5 + \dfrac{1}{9\cdot 4!}x^9 - \dfrac{1}{13\cdot 6!}x^{13} + \cdots$

(D) $x - \dfrac{1}{2!\cdot 3}x^3 + \dfrac{1}{4!\cdot 5}x^5 - \dfrac{1}{6!\cdot 7}x^7 + \cdots$

26. A water tank is in the shape of an inverted cone. Water is leaking out from the bottom of the inverted cone so that water is falling at the rate of $\dfrac{1}{10}$ ft/sec. If the tank has a height of 6 feet and a radius of 2 feet, at what rate is the water leaking when the water is $\dfrac{2}{3}$ ft in depth?

(A) $\dfrac{\pi}{135}$ ft^3/sec

(B) $\dfrac{2\pi}{135}$ ft^3/sec

(C) $\dfrac{2\pi}{205}$ ft^3/sec

(D) $\dfrac{2\pi}{405}$ ft^3/sec

27. What is the radius of convergence for the series $\displaystyle\sum_{n=1}^{\infty} \frac{(x-3)^n}{3^n \cdot (n+1)^2}$?

(A) 1

(B) 2

(C) 3

(D) 4

28. When the region enclosed by the graphs of $y = -x^2 + 2x$ and $x-$axis is revolved about the $y-$axis, the volume of the solid generated is given by

(A) $2\pi \displaystyle\int_0^2 (-x^3 + 2x^2)dx$

(B) $\pi \displaystyle\int_0^2 (-x^3 + 2x^2)dx$

(C) $2\pi \displaystyle\int_0^2 (-x^2 + 2x)dx$

(D) $\pi \displaystyle\int_0^2 (-x^2 + 2x)dx$

29. Which of the following must be true?

(A) If function f satisfies $\lim\limits_{x \to 1-} f(x) = \lim\limits_{x \to 1+} f(x)$, it satisfies $\lim\limits_{x \to 1} f(x) = f(1)$.

(B) If function f is continuous at $x = a$, it is unconditionally differentiable at $x = a$.

(C) If function f satisfies $\lim\limits_{x \to 0} \dfrac{f(x) - f(0)}{x} = 3$, it satisfies $\lim\limits_{x \to 0-} f(x) = \lim\limits_{x \to 0+} f(x)$.

(D) For function f, if $f(1) = 3$, it is $\lim\limits_{x \to 1} f(x) = 3$.

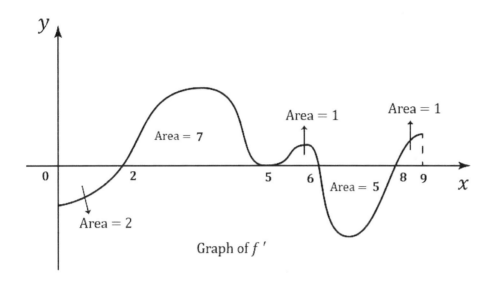

Area = 7

Area = 1

Area = 1

0   2   5   6   8   9   x

Area = 2

Area = 5

Graph of f'

30. The graph above shows the graph of f', the derivative of a twice-differentiable function f, on the closed interval $0 \le x \le 9$. The area of the regions between the graph of f' and the $x-$ axis are labeled in the figure. The function f is defined for all real numbers and satisfies $f(9) = 5$. What is the absolute minimum value of f on the closed interval $0 \le x \le 9$?

(A) -1
(B) 1
(C) 2
(D) 4

CALCULUS BC
SECTION I, PART B
Time-45 minutes
Number of questions-15

A GRAPHING CALCULATOR IS REQUIRED FOR SOME QUESTIONS ON THIS PART OF THE EXAMINATION.

Directions: Solve each of the following problems, using the available space for scratch work. After examining the form of the choices, decide which is the best of choices given and fill in the corresponding oval on the answer sheet. No credit will be given for anything written in the test book. Do no spend too much time on any one problem.

BE SURE YOU ARE USING PAGE 3 OF THE ANSWER SHEET TO RECORD YOUR ANSWERS TO QUESTIONS NUMBERED 76-90.

YOU MAY NOT RETURN TO PAGE 2 OF THE ANSWER SHEET.

In this test:

(1) The exact numerical value of the correct does not always appear among the choices given. When this happens, select from among the choices the number that best approximates the exact numerical value.

(2) Unless otherwise specified, the domain of a function f is assumed to be the set of all real numbers x for which $f(x)$ is real number.

(3) The inverse of a trigonometric function f may be indicated using the inverse function notation f^{-1} or with the prefix "arc" (e.g, $\sin^{-1}x = \arcsin x$).

76. The function $f(x) = \begin{cases} x^2 & (x \leq 1) \\ e^x & (x > 1) \end{cases}$

(A) is continuous everywhere.

(B) is differentiable at $x = 1$.

(C) is continuous but not differentiable at $x = 1$.

(D) has a jump discontinuity at $x = 1$.

77. $\int \dfrac{3x + 7}{4x^2 - 11x + 6} dx =$

(A) $\dfrac{13}{5} \ln|x - 2| - \dfrac{27}{5} \ln|4x - 3| + C$

(B) $\dfrac{13}{5} \ln|x - 2| - \dfrac{37}{20} \ln|4x - 3| + C$

(C) $\dfrac{13}{5} \ln|x - 2| - \dfrac{108}{5} \ln|4x - 3| + C$

(D) $\dfrac{13}{5} \ln|x - 2| - \dfrac{4}{5} \ln|4x - 3| + C$

78. Which of the following series are conditionally convergent?

I. $\displaystyle\sum_{n=1}^{\infty}(-1)^{n}\cdot\frac{1}{n^{2}+1}$

II. $\displaystyle\sum_{n=1}^{\infty}(-1)^{n+1}\cdot\frac{1}{\sqrt{n}}$

III. $\displaystyle\sum_{n=1}^{\infty}(-1)^{n}\cdot\frac{1}{n^{3}}$

(A) I only
(B) II only
(C) I and II only
(D) II and III only

79. If $\dfrac{dy}{dx}=\sqrt{3y^{2}+1}$, what is $\dfrac{d^{2}y}{dx^{2}}$?

(A) $\dfrac{3y}{\sqrt{3y^{2}+1}}$

(B) $\dfrac{y}{\sqrt{3y^{2}+1}}$

(C) $3y$

(D) $\dfrac{3y}{3y^{2}+1}$

183

80. A population of rats is modeled by the function P and grows according to the logistic differential equation $\frac{dP}{dt} = 0.7P(1 - \frac{P}{2000})$, where t is the time in years and $P(0) = 500$. Which of the following statements are true?

I. $\lim\limits_{t \to \infty} \frac{dP}{dt} = 0$

II. $\lim\limits_{t \to \infty} P(t) = 2000$

III. $\frac{d^2P}{dt^2}$ is negative for $t > 0$

(A) I only
(B) II only
(C) I and II only
(D) II and III only

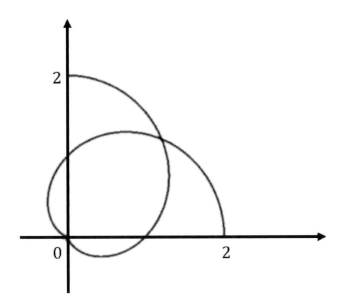

81. The graph of the polar curves $r = 1 + \cos\theta$ and $r = 1 + \sin\theta$ are shown in the figure above for $0 \le \theta \le \dfrac{\pi}{2}$. The distance between the two curves changes for $0 < \theta < \dfrac{\pi}{2}$. What is the rate at which the distance between the two curves is changing with respect to θ when $\theta = \dfrac{\pi}{3}$?

(A) $\dfrac{1 + \sqrt{3}}{2}$

(B) $\dfrac{1 - \sqrt{3}}{2}$

(C) $\dfrac{\sqrt{3} - 1}{2}$

(D) $\dfrac{1}{2}$

82. A particle moves along the x-axis so that its velocity v at time $t \geq 0$ is given by $v(t) = 2 + \sin(e^t)$. At time $t = 0$, the particle is at $x = -3$. What is the position of the particle at time $t = 3$?

(A) -2.72

(B) 0

(C) 3.61

(D) 6.61

83. An oil tank holds 800 gallons of oil at time $t = 0$. During the time interval $0 \leq t \leq 10$ hours, oil pumped into the tank at the rate $P(t) = 10\sqrt{t}\,\sin\left(\frac{t}{3}\right)$ gallons per hour. During the same time interval, oil is removed from the tank at the rate $R(t) = 8\sin^2\left(\frac{t}{5}\right)$ gallons per hour. How many gallons of oil are in the tank at time $t = 10$?

(A) 719

(B) 786

(C) 832

(D) 877

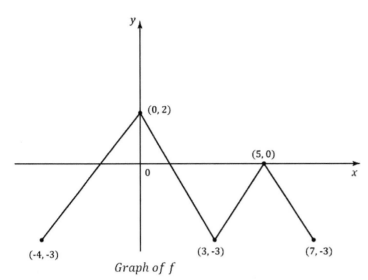

Graph of f

84. The graph of the function f is shown above. Let g be the function given by $g(x) = 2x + \int_0^x f(t)dt$. Which of the following must be true?

(A) g has relative minimum value at $x = -2$.

(B) g has inflection point at $x = -2, \ 2$.

(C) g is concave up at $x = \dfrac{19}{3}$.

(D) g has relative maximum at $x = \dfrac{12}{5}, \ \dfrac{19}{3}$.

85. If $\displaystyle\int \{f(x) + 3\}dx = \dfrac{1}{4}x^4 - x^3 - \dfrac{9}{2}x^2 + 4x + C$, what is the relative maximum of $y = f(x)$?

(A) -1

(B) 0

(C) 4

(D) 6

86. What is the radius of convergence for the power series $\displaystyle\sum_{n=0}^{\infty} \frac{(x-2)^n}{3 \cdot 5^n}$?

(A) 2

(B) 3

(C) 4

(D) 5

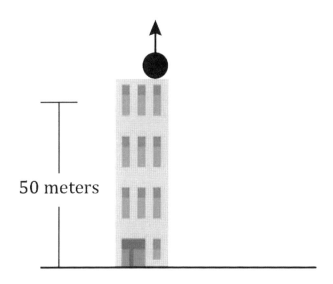

50 meters

87. As shown in the picture above, the velocity $v(t)$ at time t of the ball thrown straight up at a speed of $30\,\mathrm{meter/sec}$ from the roof of a 50m-high building is called $v(t) = 30 - 6t$. What is the height from the ground when this ball reaches its maximum height?

(A) 75 meter

(B) 100 meter

(C) 125 meter

(D) 150 meter

88. Let f be a function defined by $f(x) = \begin{cases} 1 + \sin x & \text{for } x \leq 0 \\ e^{2x} & \text{for } x > 0 \end{cases}$.

Which of the following must be true?

(A) Function f is discontinuous at $x = 0$.

(B) Function f is differentiable at $x = 0$.

(C) The average value of f on the interval $[-\frac{1}{2}, \frac{1}{2}]$ is 4.947.

(D) None of these are true.

89. For $0 \leq t \leq 10$, a particle is moving along the $x-$axis. The particle's position, $x(t)$, is not explicitly given. The velocity of the particle is given by $v(t) = 5\sin(e^{\frac{t}{3}}) + 2$. The position of the particle is given by $x(0) = 11$. Which of the following must be true?

(A) The average velocity of the particle for the time period $0 \leq t \leq 10$ is 4.25.

(B) The total distance traveled by the particle from time $t = 0$ to $t = 10$ is 24.25.

(C) The speed of the particle is decreasing at time $t = 5$.

(D) For $0 \leq t \leq 10$, the particle changes direction six times.

90. Let f be the function given by $f(x) = e^{2x}$. If P_2 is the first two non-zero terms of the Taylor series for $\int_0^{\frac{1}{3}} e^{-2t} dt$ about $x = 0$ and S is the exact value of this, $|S - P_2| < \frac{1}{n}$. Which of the following could be the greatest value of n?

(A) 30

(B) 45

(C) 50

(D) 60

AP Calculus BC Practice Test 1
❯ Answer Key

Part A

1. (C)	6. (D)	11. (A)	16. (B)	21. (C)	26. (D)
2. (A)	7. (C)	12. (C)	17. (D)	22. (C)	27. (C)
3. (B)	8. (D)	13. (C)	18. (C)	23. (D)	28. (A)
4. (D)	9. (C)	14. (C)	19. (A)	24. (D)	29. (C)
5. (D)	10. (A)	15. (A)	20. (C)	25. (C)	30. (B)

Part B

76. (D)	79. (C)	82. (C)	85. (D)	88. (C)
77. (B)	80. (C)	83. (D)	86. (D)	89. (C)
78. (B)	81. (A)	84. (D)	87. (C)	90. (A)

Part A

1. (C)

$x^4 = u \quad \Rightarrow \quad$ From $4x^3 = \dfrac{du}{dx}$, $\displaystyle\int x^3 \cos u \dfrac{du}{4x^3} = \dfrac{1}{4}\int \cos u\, du$.

$\Rightarrow \dfrac{1}{4}\sin u + C \quad \Rightarrow \quad \dfrac{1}{4}\sin(x^4) + C$

2. (A)

Let $e^{t^5} = f(t)$.

$\displaystyle\lim_{x\to 1} \dfrac{F(x) - F(1)}{3x^3 - 3}$ is the form of $\dfrac{0}{0}$, so we can use L'Hopital's Rule!

$\displaystyle\lim_{x\to 1} \dfrac{f(x)}{9x^2} = \dfrac{f(1)}{9} = \dfrac{e}{9}$

3. (B)

Coefficient of x^2 is $\dfrac{f''(0)}{2!}$, therefore $f'(x) = (1 + 5x)^{\frac{1}{2}}$

$\Rightarrow f''(x) = \dfrac{1}{2}(1 + 5x)^{-\frac{1}{2}} \times 5 = \dfrac{5}{2\sqrt{1 + 5x}}$

Therefore, $f''(0) = \dfrac{5}{2}$.

Therefore, coefficient of x^2 is $\dfrac{5}{4}$.

4. (D)

$g \circ f \Rightarrow \{g(f(x))\}' \Rightarrow g'(f(x)) \cdot f'(x)$

Since $g'(x) = -\sin x$ and $f'(x) = 6x$,

$\Rightarrow -6x\sin(3x^2 + 1)$

5. (D)

$$\frac{dy}{dx} = \frac{\dfrac{dy}{dt}}{\dfrac{dx}{dt}} = \frac{4t^3}{2t} = 2t^2.$$

$$\frac{d}{dx}\frac{dy}{dx} = \frac{d}{dx}(2t^2) = \frac{dt}{dx}\frac{d}{dt}(2t^2) = \frac{dt}{dx}(4t) = \frac{1}{2t}(4t) = 2$$

Therefore, $\dfrac{d^2y}{dx^2} = 2$.

6. (D)

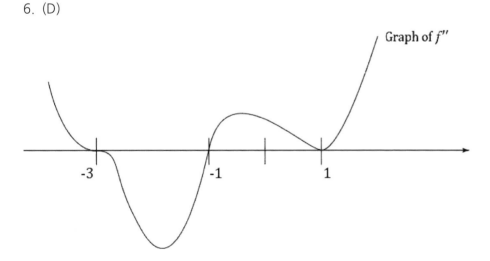

Graph of f''

-3   -1   1

f'' does sign change in $x = -3$ and $x = -1$, so f has inflection point at $x = -3, -1$.

7. (C)

I. Limit Comparison Test

$\displaystyle\sum_{n=1}^{\infty}\frac{1}{n^2}$ Converge

Therefore, $\displaystyle\lim_{n\to\infty}\frac{n^3+n^2}{2n^3+n^2+3}=\frac{1}{2}$, so Converge.

II. Ratio Test

$$\lim_{n\to\infty}\frac{\dfrac{3^n\cdot 3}{(n+1)^2}}{\dfrac{3^n}{n^2}}\Rightarrow\lim_{n\to\infty}\frac{3n^2}{(n+1)^2}=3>1$$

Therefore, Diverge.

III. P-Series

In $\displaystyle\sum_{n=1}^{\infty}\frac{1}{n^{\frac{3}{2}}}$, since $\dfrac{3}{2}>1$, Converge!

8. (D)

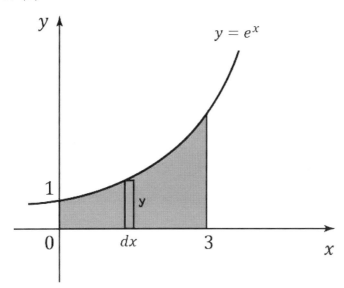

Since small Height is dx, therefore the length of square side is y.

Therefore, Volume $=\displaystyle\int_0^3 \boxed{}_y y\,dx=\int_0^3 y^2\,dx=\int_0^3 e^{2x}\,dx$

Let $2x=u$, then from $2=\dfrac{du}{dx}$, Volume $=\dfrac{1}{2}\displaystyle\int_0^6 e^u\,du=\dfrac{1}{2}(e^6-1)$

9. (C)
Graph like this situation could be drawn.

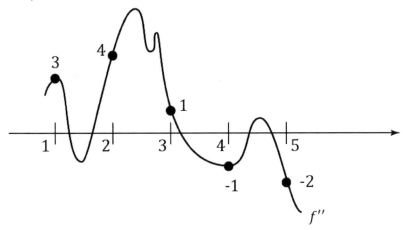

(A) Relative maximum should be where f' changes from positive to negative, or $f'(x) = 0$ and $f''(x) < 0$.
(B) f is concave up within the interval where $f''(x) > 0$.
(C) Since in interval $(3, 4)$, f'' undergoes at least 1 sign change, therefore in this interval, function f gets at least 1 inflection point.
(D) Within interval where $f'(x) < 0$, f is decreasing. We can't know whether f decreases or not within interval $(4, 5)$ only with the given information.

10. (A)
$$g'(3) = (f^{-1})'(3) = \frac{1}{f'(2)} = \frac{1}{5}$$

11. (A)
From Arc Length $= \int_1^7 \sqrt{1 + (f'(x))^2}\, dx$,

$f'(x) = 3x^2$, so the slope at $x = -2$ is $f'(-2) = 12$.
Therefore, $y - 3 = 12(x + 2) \implies y = 12x + 27$.

12. (C)

We can infer the graph of f from f' graph, as follows.

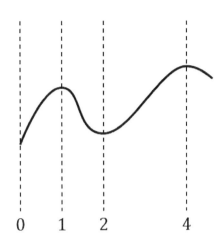

Graph of f

I. $f(4) - f(1) = \int_1^4 f'(x) > 0 \implies f(4) > f(1)$

II. $f(2) - f(0) = \int_0^2 f'(x)dx > 0 \implies f(2) > f(0)$

III. From the f graph above, we can know that $f(1) > f(2)$

13. (C)

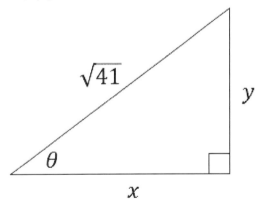

① $x^2 + y^2 = 41$, so when $y = 4$, $x = 5$.

② $\sin\theta = \dfrac{y}{\sqrt{41}}$, so $(\cos\theta)\dfrac{d\theta}{dt} = \dfrac{1}{\sqrt{41}}\dfrac{dy}{dt}$, and $\cos\theta = \dfrac{5}{\sqrt{41}}$.

③ $\dfrac{5}{\sqrt{41}} \times 5 = \dfrac{1}{\sqrt{41}}\dfrac{dy}{dt}$, therefore $\dfrac{dy}{dt} = 25$

14. (C)

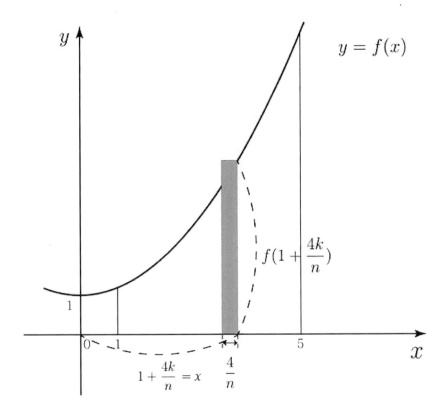

$y = f(x)$

$f(1 + \dfrac{4k}{n})$

1

$1 + \dfrac{4k}{n} = x$ $\dfrac{4}{n}$

$\Rightarrow \dfrac{4}{n} = dx$ $1 + \dfrac{4}{n}k = x$

$\Rightarrow \displaystyle\lim_{n \to \infty} \sum_{k=1}^{n} f(1 + \dfrac{4}{n}k) \cdot \dfrac{4}{n}$, and since $f(x) = 3^x$, $\displaystyle\lim_{n \to \infty} \sum_{k=1}^{n} 3^{1 + \frac{4}{n}k} \cdot \dfrac{4}{n}$

15. (A)

$x = (4\sin\theta + 1)\cos\theta, \quad y = (4\sin\theta + 1)\sin\theta$

Therefore, $\dfrac{dy}{dx} = \dfrac{\dfrac{dy}{d\theta}}{\dfrac{dx}{d\theta}} = \dfrac{4\cos\theta\sin\theta + (4\sin\theta + 1)\cos\theta}{4\cos\theta\cos\theta - (4\sin\theta + 1)\sin\theta}$, so when $\theta = \dfrac{\pi}{2}$, $\dfrac{dy}{dx} = \dfrac{0}{-5} = 0$.

16. (B)

$\lim\limits_{x \to 5} \dfrac{2f(x)}{(x-5)^3}$ is form of $\dfrac{0}{0}$, so use L'Hopital's Rule!

$\Rightarrow \lim\limits_{x \to 5} \dfrac{2f'(x)}{3(x-5)^2}$ is also form of $\dfrac{0}{0}$ $\Rightarrow \lim\limits_{x \to 5} \dfrac{2f''(x)}{6(x-5)}$ is also form of $\dfrac{0}{0}$

$\Rightarrow \lim\limits_{x \to 5} \dfrac{2f'''(x)}{6} = \dfrac{4}{6} = \dfrac{2}{3}$

17. (D)

(A) By Intermediate Value Theorem (IVT), at least one c exists that satisfies $f(c)=0$ in $[1,\ 5]$.

(B) f is continuous function, so by Extreme Value Theorem, Maximum Value or Minimum Value exists.

(C) f is differentiable in the given interval, so by Mean Value Theorem (MVT), at least one c exists that satisfies $f'(c) = \dfrac{3-(-3)}{5-1} = \dfrac{6}{4} = \dfrac{3}{2}$.

(D) Rolle's Theorem can be applied if f is differentiable and $f(1)=f(5)$, but since $f(1) \neq f(5)$, we cannot use Rolle's Theorem.

18. (C)

Since $g(x) = F(x) - F(-3)$, $g'(x) = f(x)$

That is, $f(x)$ is the graph of $g'(x)$.

(A) Since $g'(1)$, $g'(4)$, $g'(5)$ exist, g is differentiable at $x = 1,\ 4,\ 5$.

(B) g' has local minimum at the point where it changes from negative to positive, so g has local minimum at $x = -2$ and $x = 2$.

(C) Since g' is decreasing at $0 \le x \le 1$, g is concave down, and since $g' < 0$, g is decreasing.

(D) g is increasing at $2 \le x \le 6$, and concave up at $1 \le x \le 4$, $5 \le x \le 6$.

19. (A)

$h(x) = F(3x) - F(1)$, so $h'(x) = 3f(3x)$, therefore $h'(1) = 3f(3) = 3$.

20. (C)

(A) Use Mean Value Theorem.

If $H''(t) > 0$, graph of $H(t)$ is increasing and concave up.

Therefore, $H'(1.5) < H'(2.5) < H'(3.5) < H'(4.5)$ should be held.

① $H'(t) = \dfrac{22 - 17}{2 - 1} = 5 \ (1 < t < 2)$

② $H'(t) = \dfrac{36 - 22}{3 - 2} = 14 \ (2 < t < 3)$

③ $H'(t) = \dfrac{45 - 36}{4 - 3} = 9 \ (3 < t < 4)$

④ $H'(t) = \dfrac{78 - 45}{5 - 4} = 33 \ (4 < t < 5)$

Therefore, $H''(t) > 0$ is not held.

(B) $\displaystyle\int_1^5 H'(t)dt = H(5) - H(1) = 78 - 17 = 61$

(C) $\dfrac{\displaystyle\int_1^5 H(t)dt}{5 - 1} = \dfrac{1}{4}\displaystyle\int_1^5 H(t)dt$

$\displaystyle\int_1^5 H(t)dt = 17 + 22 + 36 + 45 = 120$, so $\dfrac{1}{4}\displaystyle\int_1^5 H(t)dt = 30$

(D) We can't know the value of t that has inflection point only with the information given.

21. (C)

$$\int x^2 \tan^{-1} x\, dx = \frac{1}{3} x^3 \tan^{-1} x - \frac{1}{3} \int \frac{1}{1+x^2} \cdot x^3 dx.$$

Therefore, it is (1) $\frac{1}{3} x^3 \cdot \tan^{-1} x$ and (2) $\frac{1}{3}$.

It is $\frac{x^3}{1+x^2}$ for (3).

Therefore, $(\tan^{-1} x)' = (x - \frac{1}{3} x^3 + \frac{1}{5} x^5 - \frac{1}{7} x^7 + \cdots)'$

$$\Rightarrow \quad \frac{1}{1+x^2} = 1 - x^2 + x^4 - x^6 + \cdots$$

Multiply x^3 on both sides, then $\dfrac{x^3}{1+x^2} = x^3 - x^5 + x^7 - x^9 + \cdots$

Therefore, (3) $x^3 - x^5 + x^7 - x^9 + \cdots$.

22. (C)
(A) Change direction is when sign of velocity is changed, so when $t = 2, 5$, this object changes direction.
(B) Since Speed $= |$ Velocity $|$, the graph of speed is as follows.

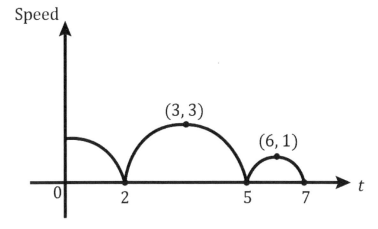

Therefore, the maximum speed is when time $t = 3$.
(C) Inflection point is when velocity graph changes from increasing to decreasing, or decreasing to increasing.
(D) Since the sign of velocity is negative and $V'(t) = a(t) > 0$ at $0 \le t \le 2$, speed is decreasing.

23. (D)

Since $f(x) = \dfrac{2}{3}x - \dfrac{3}{4}x^2 + \dfrac{4}{5}x^3 - \dfrac{5}{6}x^4 + \cdots$,

$f'(x) = \dfrac{2}{3} - \dfrac{3}{2}x + \dfrac{12}{5}x^2 - \dfrac{10}{3}x^3 + \cdots$

$f''(x) = -\dfrac{3}{2} + \dfrac{24}{5}x - 10x^2 + \cdots$

(A) $f'(0) = \dfrac{2}{3} \neq 0$, $f''(0) = -\dfrac{3}{2} < 0$, so f does not has relative maximum at $x = 0$.

(B) $f''(0) = -\dfrac{3}{2} < 0$, so f is concave down at $x = 0$.

(C) From $\displaystyle\lim_{n \to \infty} \left| \dfrac{\dfrac{(-1)^n \cdot (n+2) \cdot x^n \cdot x}{(n+3)}}{\dfrac{(-1)^n \cdot (-1) \cdot (n+1) \cdot x^n}{(n+2)}} \right| < 1$, $\displaystyle\lim_{n \to \infty} \left| -\dfrac{(n+2)^2}{(n+1)(n+3)} \cdot x \right| < 1$

$-1 < x < 1$, therefore the radius of convergence is 1.

(D) Interval we obtained from (C) above is $-1 < x < 1$.

① $x = 1$

$\displaystyle\sum_{n=1}^{\infty} \dfrac{n+1}{n+2} \cdot (-1)^{n+1}$, so Diverge. (By the Diverge Test)

② $x = -1$

$\displaystyle\sum_{n=1}^{\infty} \dfrac{(-1)^n \cdot (-1) \cdot (n+1) \cdot (-1)^n}{(n+2)} = \sum_{n=1}^{\infty} -\left(\dfrac{n+1}{n+2}\right)$, so Diverge. (By the Diverge Test)

Therefore, the interval of convergence is $-1 < x < 1$.

24. (D)

$\displaystyle\int \dfrac{1}{x^2 + 10x + 25 + 1} dx = \int \dfrac{1}{1 + (x+5)^2} dx$

Let $x + 5 = u$, then $\displaystyle\int \dfrac{1}{1 + u^2} du = \tan^{-1} u + C$

Therefore, $\tan^{-1}(x+5) + C$

25. (C)

$$\cos x = 1 - \frac{1}{2!}x^2 + \frac{1}{4!}x^4 - \frac{1}{6!}x^6 + \cdots$$

$$\cos t^2 = 1 - \frac{1}{2!}t^4 + \frac{1}{4!}t^8 - \frac{1}{6!}t^{12} + \cdots$$

$$\int_0^x \cos(t^2)dt = \int_0^x (1 - \frac{1}{2!}t^4 + \frac{1}{4!}t^8 - \frac{1}{6!}t^{12} + \cdots)dt$$

$$= x - \frac{1}{5 \cdot 2!}x^5 + \frac{1}{9 \cdot 4!}x^9 - \frac{1}{13 \cdot 6!}x^{13} + \cdots$$

26. (D)

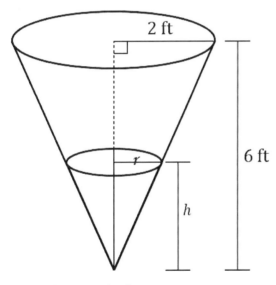

2 ft

6 ft

r

h

$2 : r = 6 : h$

$\implies r = \frac{1}{3}h$

① Volume $V = \frac{1}{3}\pi r^2 h$, $r = \frac{1}{3}h$,

so $V = \frac{1}{3}\pi \times \frac{1}{9}h^3$, so $V = \frac{1}{27}\pi h^3$

② $\frac{dV}{dt} = \frac{1}{9}\pi h^2 \frac{dh}{dt}$,

since $h = \frac{2}{3}$ ft and $\frac{dh}{dt} = -\frac{1}{10}$ ft/sec,

Therefore,

$$\frac{dV}{dt} = \frac{1}{9}\pi \times \frac{4}{9}\text{ft}^2 \times (-\frac{1}{10}\text{ft/sec}),$$

$$\frac{dV}{dt} = -\frac{2\pi}{405}\text{ ft}^3/\text{sec}$$

However, what we should obtain is the rate water is leaking, so the answer is

(D) $\frac{2\pi}{405}$ ft^3/sec.

27. (C)

From $\displaystyle\lim_{n\to\infty}\left|\dfrac{\dfrac{(x-3)^n\cdot(x-3)}{3^n\cdot 3\cdot(n+2)^2}}{\dfrac{(x-3)^n}{3^n(n+1)^2}}\right|<1$, $\displaystyle\lim_{n\to\infty}\left|\dfrac{(n+1)^2}{3(n+2)^2}(x-3)\right|<1$,

$\dfrac{|x-3|}{3}<1\ \Rightarrow\ -3<x-3<3\ \Rightarrow\ 0<x<6$

Therefore, the radius of convergence is $\dfrac{6-0}{2}=3$.

28. (A)
This is the $y-$axis rotation, and since the choices are all about dx, we can use Shell Method.

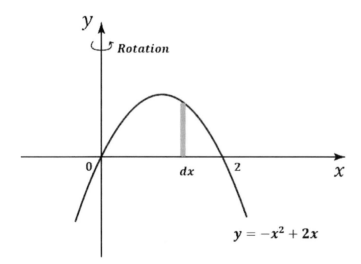

$V=2\pi\displaystyle\int_0^2 xy\,dx$, and $y=-x^2+2x$,

therefore $V=2\pi\displaystyle\int_0^2 x(-x^2+2x)\,dx=2\pi\int_0^2(-x^3+2x^2)\,dx$.

29. (C)

(A) The following case may occur.

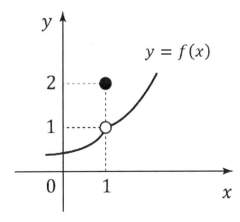

⇒ Although $\displaystyle\lim_{x\to 1-} f(x) = \lim_{x\to 1+} f(x)$,

$\displaystyle\lim_{x\to 1} f(x) \neq f(1)$.

(B) The following case may occur.

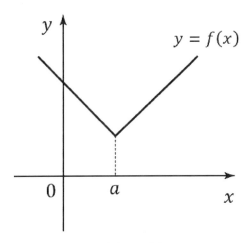

⇒ Although $y = f(x)$ is continuous at $x = a$,
it is not differentiable.

(C) Since $\displaystyle\lim_{x\to 0}\frac{f(x)-f(0)}{x-0} = f'(0) = 3$, function f is differentiable at $x = 0$. Therefore, function f is continuous at $x = 0$ and $\displaystyle\lim_{x\to 0} f(x)$ exists. Also, $f(0)$ exists.

(D) The following case may occur.

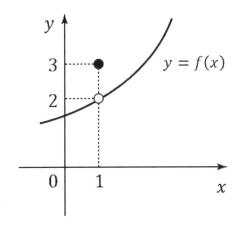

⇒ Although $f(1) = 3$,
$\displaystyle\lim_{x\to 1-} f(x) = \lim_{x\to 1+} f(x) = 2$.

30. (B)

$f(2)$ and $f(8)$ are relative minimum, so they are candidates of absolute minimum.

$f(8) - f(2) = \int_2^8 f'(x)dx = 7 + 1 - 5 = 3 > 0$, therefore $f(8) > f(2)$.

Therefore, Absolute Minimum Value is $f(2)$.

$f(9) - f(2) = \int_2^9 f'(x)dx = 7 + 1 - 5 + 1 = 4$, and $f(9) = 5$, so $f(2) = 1$.

Part B

76. (D)

$\lim\limits_{x \to 1-} x^2 = 1$, $\lim\limits_{x \to 1+} e^x = e$, $f(1) = 1$

Therefore, function f has discontinuity at $x = 1$, and is not differentiable.

Since $\lim\limits_{x \to 1-} f(x) \neq \lim\limits_{x \to 1+} f(x)$, so function f has jump discontinuity at $x = 1$.

77. (B)

From $\displaystyle\int \frac{3x + 7}{(4x - 3)(x - 2)} dx = \int \left(\frac{A}{4x - 3} + \frac{B}{x - 2} \right) dx$,

$\displaystyle\int \frac{(A + 4B)x - 2A - 3B}{(4x - 3)(x - 2)} dx$, so $A + 4B = 3$, $-2A - 3B = 7$.

Therefore, $A = -\dfrac{37}{5}$, $B = \dfrac{13}{5}$.

Therefore, $\dfrac{13}{5} \displaystyle\int \frac{1}{x - 2} dx - \dfrac{37}{5} \displaystyle\int \frac{1}{4x - 3} dx$

$= \dfrac{13}{5} \ln|x - 2| - \dfrac{37}{20} \ln|4x - 3| + C$

206

78. (B)

I. ① Let $b_n = \dfrac{1}{n^2+1}$ in $\displaystyle\sum_{n=1}^{\infty}(-1)^n \cdot \dfrac{1}{n^2+1}$, then

- $b_n > 0$ • $b_n > b_{n+1}$ • $\displaystyle\lim_{n\to\infty} b_n = 0$, so Converge.

② Use Limit comparison test in $\displaystyle\sum_{n=1}^{\infty}\left|(-1)^n \cdot \dfrac{1}{n^2+1}\right| = \sum_{n=1}^{\infty}\dfrac{1}{n^2+1}$

$\displaystyle\sum_{n=1}^{\infty}\dfrac{1}{n^2}$ converges, and $\displaystyle\lim_{n\to\infty}\dfrac{1}{n^2+1}\times n^2 = 1$, so converge.

Therefore, Absolutely convergent.

II. ① Let $b_n = \dfrac{1}{\sqrt{n}}$ in $\displaystyle\sum_{n=1}^{\infty}(-1)^{n+1} \cdot \dfrac{1}{\sqrt{n}}$, then

- $b_n > 0$ • $b_n > b_{n+1}$ • $\displaystyle\lim_{n\to\infty} b_n = 0$, so Converge.

② $\displaystyle\sum_{n=1}^{\infty}\left|(-1)^{n+1} \cdot \dfrac{1}{\sqrt{n}}\right| \Rightarrow \sum_{n=1}^{\infty}\dfrac{1}{\sqrt{n}}$ Diverges.

Therefore, Conditionally convergent.

III. ① Let $b_n = \dfrac{1}{n^3}$ in $\displaystyle\sum_{n=1}^{\infty}(-1)^n \cdot \dfrac{1}{n^3}$, then

- $b_n > 0$ • $b_n > b_{n+1}$ • $\displaystyle\lim_{n\to\infty} b_n = 0$, so Converge.

② It is $\displaystyle\sum_{n=1}^{\infty}\dfrac{1}{n^3}$, from $\displaystyle\sum_{n=1}^{\infty}\left|(-1)^n \cdot \dfrac{1}{n^3}\right|$, so converge.

Therefore, Absolutely convergent.

79. (C)

$$\dfrac{d^2y}{dx^2} = \dfrac{d}{dx}\dfrac{dy}{dx} = \dfrac{d}{dx}(\sqrt{3y^2+1}) \Rightarrow \dfrac{dy}{dx}\dfrac{d}{dy}(3y^2+1)^{\frac{1}{2}}$$

$$\Rightarrow \dfrac{d}{dy}(3y^2+1)^{\frac{1}{2}} = \dfrac{1}{2}(3y^2+1)^{-\frac{1}{2}} \cdot 6y = \dfrac{6y}{2\sqrt{3y^2+1}}$$

Therefore, from $\dfrac{d^2y}{dx^2} = \dfrac{dy}{dx}\left(\dfrac{6y}{2\sqrt{3y^2+1}}\right)$, $\dfrac{dy}{dx} = \sqrt{3y^2+1}$.

$$\dfrac{d^2y}{dx^2} = \sqrt{3y^2+1} \cdot \dfrac{6y}{2\sqrt{3y^2+1}} = 3y$$

80. (C)

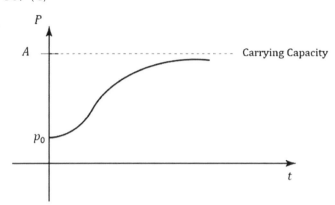

Like as we can see in the figure above, $\lim\limits_{t\to\infty} P(t) = A$.

$\lim\limits_{t\to\infty} \dfrac{dP}{dt} = 0$, so $\lim\limits_{t\to\infty} P(A) = 2000$.

Graph changes from concave up to concave down, so it changes from

$\dfrac{d^2P}{dt^2} < 0$ to $\dfrac{d^2P}{dt^2} > 0$.

81. (A)

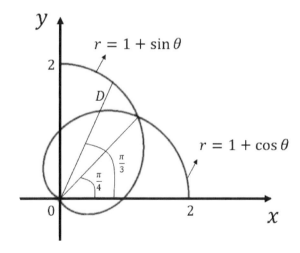

Let the distance between two curves at $\theta = \dfrac{\pi}{3}$ as D,

then from $D = 1 + \sin\theta - (1 + \cos\theta)$, $D = \sin\theta - \cos\theta$.

Therefore, since $\dfrac{dD}{d\theta} = \cos\theta + \sin\theta$, substitute $\theta = \dfrac{\pi}{3}$,

then $\dfrac{dD}{d\theta} = \dfrac{1}{2} + \dfrac{\sqrt{3}}{2} = \dfrac{1 + \sqrt{3}}{2}$

82. (C)

Let time as t and position as p, then $p(3)-p(0)=\int_0^3 v(t)dt$

$p(3)=p(0)+\int_0^3 (2+\sin(e^t))dt \approx 3.61$

83. (D)

$$P(t) = f\,'(t) = 10\sqrt{t} \cdot \sin\left(\frac{t}{3}\right)$$

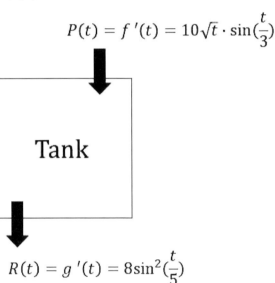

$$R(t) = g\,'(t) = 8\sin^2\left(\frac{t}{5}\right)$$

Let $P(t)$ as $f'(t)$, $R(t)$ as $g'(t)$ and the change rate of oil amount in the tank as $h'(t)$, then $h'(t)=f'(t)-g'(t)$.

Let the amount of oil in the tank at time $t=10$ as $h(10)$, then

$h(10)-h(0)=\int_0^{10} h'(t)dt$

therefore, $h(10)=800+\int_0^{10} h'(t)dt \approx 877$

84. (D)

$\int_0^x f(t)dt = F(x) - F(0)$, $g(x) = 2x + F(x) - F(0)$, so $g'(x) = 2 + f(x)$

That is, graph of $g'(x)$ is a graph in which the graph of $f(x)$ is shifted by 2 on the y-axis. $g'(x)$ graph is like below.

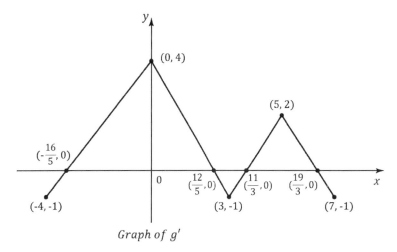

Graph of g'

(A) g has relative minimum at $x = -\dfrac{16}{5}$, $\dfrac{11}{3}$.

(B) g has inflection point at $x = 0, 3, 5$.

(C) g is concave down at $x = \dfrac{19}{3}$.

(D) g has relative maximum at $x = \dfrac{12}{5}$, $\dfrac{19}{3}$.

85. (D)

Differentiate both sides by x

$f(x) + 3 = x^3 - 3x^2 - 9x + 4$, therefore $f(x) = x^3 - 3x^2 - 9x + 1$

Since $f'(x) = 3x^2 - 6x - 9 = 0$, $f'(x) = 3(x^2 - 2x - 3) = 0$, and $x = -1, 3$.

Shape of graph of f is as follows, approximately.

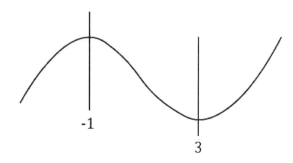

Therefore, $f(-1) = -1 - 3 + 9 + 1 = 6$

86. (D)

From $\lim\limits_{n\to\infty}\left|\dfrac{\dfrac{(x-2)^n(x-2)}{3\cdot 5^n\cdot 5}}{\dfrac{(x-2)^n}{3\cdot 5^n}}\right| < 1$, it is $\left|\dfrac{x-2}{5}\right| < 1$,

so from $-5 < x-2 < 5,\ -3 < x < 7$.

Therefore, $\dfrac{7-(-3)}{2} = 5$.

87. (C)

Velocity when it reaches to the maximum height becomes 0.

Therefore, the time when it reaches to the maximum height would be $t=5$.

Let the distance between the roof of the building and the maximum height of the ball as $h(t)$,

then $h(t) = \displaystyle\int_0^5 (30-6t)dt = [30t-3t^2]_0^5 = 150-75 = 75\text{meter}$.

Height from the base ground would be 125 meter.

or

Let the height of the ball over time t as $h(t)$, then $h(0)=50$.

Therefore, $h(5)-h(0) = \displaystyle\int_0^5 v(t)dt \Rightarrow h(5) = 125$

88. (C)

(A) $\lim\limits_{x\to 0-}(1+\sin x) = 1,\ \lim\limits_{x\to 0+}(e^{2x}) = 1,\ f(0)=1,$

and $\lim\limits_{x\to 0}f(x) = f(0)$ is satisfied, so function f is continuous at $x=0$.

(B) $f'(x) = (1+\sin x)' = \cos x \Rightarrow f'(0) = 1$

$f'(x) = (e^{2x})' = 2e^{2x} \Rightarrow f'(0) = 2$

Therefore, function f is not differentiable at $x=0$.

(C) The average value of f on the interval $[-\dfrac{1}{2},\ \dfrac{1}{2}]$ is $\dfrac{\displaystyle\int_{-\frac{1}{2}}^{\frac{1}{2}} f(x)dx}{\dfrac{1}{4}} = 4\displaystyle\int_{-\frac{1}{2}}^{\frac{1}{2}} f(x)dx$.

$\displaystyle\int_{-\frac{1}{2}}^{\frac{1}{2}} f(x)dx = \int_{-\frac{1}{2}}^{0} f(x)dx + \int_0^{\frac{1}{2}} f(x)dx$, and $\displaystyle\int_{-\frac{1}{2}}^{0}(1+\sin x)dx + \int_0^{\frac{1}{2}} e^{2x}dx \approx 1.237$

Therefore, average value is $4 \times 1.237 \approx 4.947$.

89. (C)

(A) $\dfrac{1}{10}\displaystyle\int_0^{10} V(t)dt \approx 2.99$

(B) Total distance $= \displaystyle\int_0^{10} |\,5\sin(e^{\frac{t}{3}})+2\,|dt \approx 40.92$

(C) $V(5) \approx -2.18$

$a(5) \approx 4.85$

When time $t = 5$, sign of velocity and that of acceleration is different, so the speed is decreasing.

(D) Using calculator, let's draw graph of velocity. The sign of velocity is changed 8 times. That is, change direction happened 8 times.

90. (A)

From $e^{-2x} = 1 - 2x + 2x^2 - \dfrac{4}{3}x^3 + \cdots$, $\displaystyle\int_0^x e^{-2t}dt = \int_0^x (1 - 2t + 2t^2 - \dfrac{4}{3}t^3 + \cdots)dt$

$\Rightarrow \left[t - t^2 + \dfrac{2}{3}t^3 - \dfrac{1}{3}t^4 + \cdots \right]_0^x = x - x^2 + \dfrac{2}{3}x^3 - \dfrac{1}{3}x^4 + \cdots$

Therefore, when $x = \dfrac{1}{3}$, the first two terms would be

$\displaystyle\int_0^{\frac{1}{3}} e^{-2t}dt \approx \dfrac{1}{3} - \dfrac{1}{9} \approx \dfrac{2}{9}$

$\Rightarrow \left| \displaystyle\int_0^{\frac{1}{3}} e^{-2t}dt - \dfrac{2}{9} \right| < \dfrac{2}{3} \cdot (\dfrac{1}{3})^3 = \dfrac{2}{81}$,

so the maximum value of n among the choices is 30.

AP Calculus BC
Practice Test 2

CALCULUS BC
SECTION I, Part A
Time-60 minutes
Number of questions-30

A CALCULATOR MAY NOT BE USED ON THIS PART OF THE EXAMINATION.

Directions: Solve each of the following problems, using the available space for scratchwork. After examining the form of the choices, decide which is the best of the choices given and fill in the corresponding oval on the answer sheet. No credit will be given for anything written in the test book. Do not spend too much time on any one problem.

In this test:

(1) Unless otherwise specified, the domain of a function is assumed to be the set of all real numbers x for which $f(x)$ is a real number.

(B) The inverse of a trigonometric function f may be indicated using the inverse function notation f^{-1} or with the prefix "arc" (e.g., $\sin^{-1} x = \arcsin x$).

1. $\dfrac{d}{dx}\sin^2(x^2) =$

(A) $2\cos(x^2)$

(B) $2x\sin(2x^2)$

(C) $2\cos(x^2)\sin(x^2)$

(D) $2x\cos(x^2)\sin(x^2)$

2. $\displaystyle\sum_{k=0}^{\infty}\left(-\dfrac{2}{e}\right)^k =$

(A) $\dfrac{e}{e-2}$

(B) $\dfrac{e}{2}$

(C) $\dfrac{e+2}{e}$

(D) $\dfrac{1}{e+2}$

3. $\int_1^2 \dfrac{2x}{x^2+3}\,dx =$

(A) $\ln 2$

(B) $\dfrac{1}{2}\ln 2$

(C) $\ln \dfrac{7}{4}$

(D) $\dfrac{1}{2}\ln \dfrac{7}{4}$

4. The length of the curve $y = \cos x$ from $x = \dfrac{\pi}{3}$ to $x = \dfrac{\pi}{2}$ is given by

(A) $\displaystyle\int_{\frac{\pi}{3}}^{\frac{\pi}{2}} \sqrt{1+\sin^2 x}\,dx$

(B) $\displaystyle\int_{\frac{\pi}{3}}^{\frac{\pi}{2}} \sqrt{1+\cos^2 x}\,dx$

(C) $\displaystyle\int_{\frac{\pi}{3}}^{\frac{\pi}{2}} \sqrt{1+\sin x}\,dx$

(D) $\displaystyle\int_{\frac{\pi}{3}}^{\frac{\pi}{2}} \sqrt{1+\cos x}\,dx$

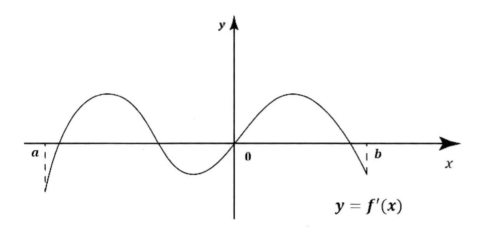

$$y = f'(x)$$

5. The graph of f', the derivative of f, is shown in the figure above. Which of the following describes f on the open interval (a, b)?
(A) Three inflection points and one relative minimum
(B) Two inflection points and two relative maxima
(C) Two relative maxima and one relative minimum
(D) Three inflection points and two relative minima

6. $\displaystyle\sum_{n=1}^{\infty} \frac{1}{n^2 + n} =$
(A) 0
(B) 1
(C) 2
(D) 4

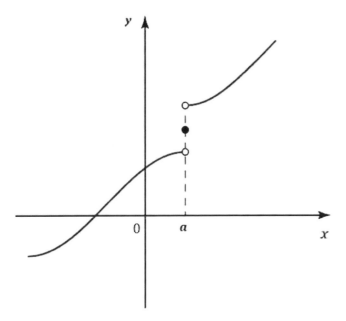

7. The graph of a function f is shown above. Which of the following statements about f is false?

(A) f is not differentiable at $x = a$.

(B) f is discontinuous at $x = a$.

(C) $\lim_{x \to a} f(x)$ exist.

(D) $\lim_{x \to a^-} f(x) = \lim_{x \to a^+} f(x)$

t (sec)	0	1	2	3
$a(t)$ (ft/sec^2)	6	7	5	9

8. The data for the acceleration $a(t)$ of a particle from 0 to 3 seconds are given in the table above. If the velocity at $t=0$ is 10 feet per second, the approximate value of the velocity at $t=3$, computed using a right-hand Riemann Sum with three subintervals of equal length is
(A) 12 ft/sec
(B) 18 ft/sec
(C) 21 ft/sec
(D) 31 ft/sec

9. Let $y=f(x)$ be the solution to the differential equation $\dfrac{dy}{dx}=x+2y$ with the initial condition $f(1)=1$. What is the appropriation for $f(2)$ if Euler's method is used, starting at $x=1$ with two steps of equal size?

(A) $\dfrac{5}{2}$

(B) $\dfrac{21}{4}$

(C) 6

(D) $\dfrac{28}{4}$

10. A function f has derivatives of all orders at $x = 0$. Let $H(x)$ denote the nth-degree Taylor polynomial for f about $x = 0$. It is known that $f(0) = -1$ and that $H_1(\frac{1}{3}) = 5$. What is $f'(0)$?

(A) -6

(B) 6

(C) 9

(D) 18

11. $\displaystyle\lim_{x \to 2} \dfrac{\displaystyle\int_{2}^{x} \sin(t^2 + t)dt}{x - 2} =$

(A) $\cos 6$

(B) $\sin 6$

(C) $\sec 6$

(D) $\csc 6$

12. What is the line tangent equation to the polar curve $r=\theta$ at the point $\theta=\dfrac{\pi}{2}$?

(A) $x=\dfrac{\pi}{2}$

(B) $y=\dfrac{\pi}{2}$

(C) $y=-\dfrac{\pi}{2}x+\dfrac{\pi}{2}$

(D) $y=\dfrac{2}{\pi}x+\dfrac{\pi}{2}$

13. $\displaystyle\int_{0}^{10}\ln x\,dx=$

(A) $10\ln 10$

(B) $10\ln 10-10$

(C) $\ln 10+10$

(D) $\ln 10-10$

14. Which of the following is false?

(A) $\displaystyle\sum_{n=1}^{\infty} \frac{3n-1}{n^3+2n^2+1}$ Converges.

(B) $\displaystyle\sum_{n=1}^{\infty} \frac{2n^2}{(\ln 4)^n}$ Converges.

(C) $\displaystyle\sum_{n=1}^{\infty} (-1)^n \cdot \frac{3n+1}{n(n-2)}$ Conditionally converges.

(D) Using ratio test for absolute convergence, $\displaystyle\sum_{n=1}^{\infty} (-1)^n \cdot \frac{n^2}{2^n}$ diverges.

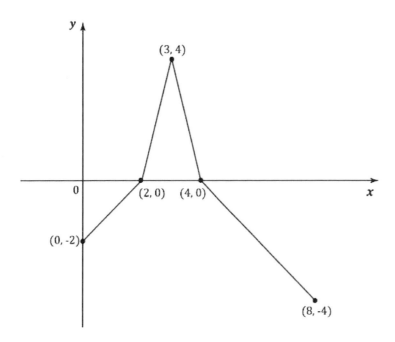

Graph of f'

15. For $0 \le x \le 8$, the graph of f', the derivative of f, is piecewise linear as shown above. If $f(3)=2$, what is the maximum value of f on the interval?

(A) $\dfrac{1}{2}$

(B) 2

(C) $\dfrac{5}{2}$

(D) 4

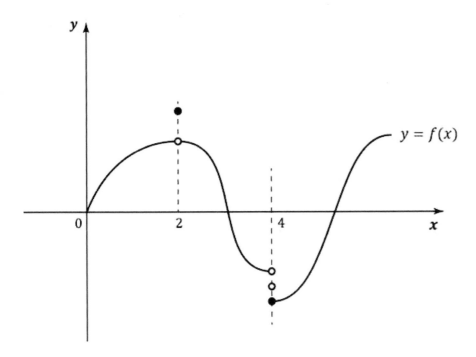

Graph of f

16. The figure above shows the graph of the function f. Which of the following statements are true?

I. f has a jump discontinuity at $x = 2$.

II. f has a removable discontinuity at $x = 4$.

III. $\lim\limits_{x \to 2} f(x)$ exists.

(A) I only

(B) II only

(C) III only

(D) I and II only

17. The function f and g are given by $f(t) = \int_0^{2x} \sqrt{1+t^2}\,dt$ and $g(x) = f(e^{3x})$. Which of the following must be true?

(A) $f'(x) = \sqrt{1+4x^2}$

(B) $g'(x) = 2e^{3x}\sqrt{1+4e^{6x}}$

(C) The equation for the line tangent to the graph of $y = f(x)$ at $x = 0$ is $y = 2x$.

(D) None of above.

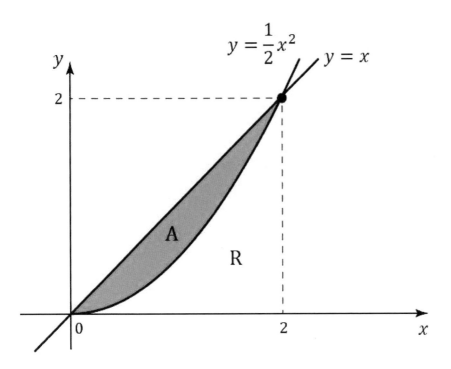

$$y = \frac{1}{2}x^2$$

$$y = x$$

18. Let A be the region in the first quadrant enclosed by the graphs of $y = x$ and $y = \frac{1}{2}x^2$, as shown in the figure above. Which of the following must be true?

(A) The area of R is $R = \int_0^2 (\frac{1}{2}x^2 - x)dx$.

(B) The region A is the base of a solid, at each x the cross section parallel to the $y-$axis has area $R(x) = \cos(\frac{2\pi}{3}x)$. The volume of the solid is $\int_0^2 \cos(\frac{2\pi}{3}x)dy$.

(C) The volume of the solid generated when A is revolved about the horizontal line $y = -2$ is $\pi \int_0^2 (\frac{1}{4}x^4 - x^2)dx$.

(D) The volume of the solid generated when A is revolved about the $y-$axis is $2\pi \int_0^2 (x^2 - \frac{1}{2}x^3)dx$.

19. Let f be a twice differentiable function such that $f(2)=5$ and $f(4)=13$. Which of the following must be true for the function f on the interval $2 \le x \le 4$?

I. The average value of f' is 4.

II. The average rate of change of f is 4.

III. $f(c)=7$ for at least one c between 2 and 4.

(A) I only

(B) I and II only

(C) II and III only

(D) I, II, and III

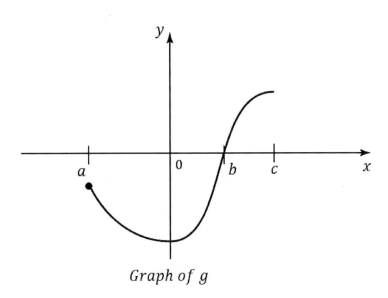

Graph of g

20. Let $f(x) = \int_a^x g(t)\,dt$, where g has the graph shown above. Which of the following could be the graph of f?

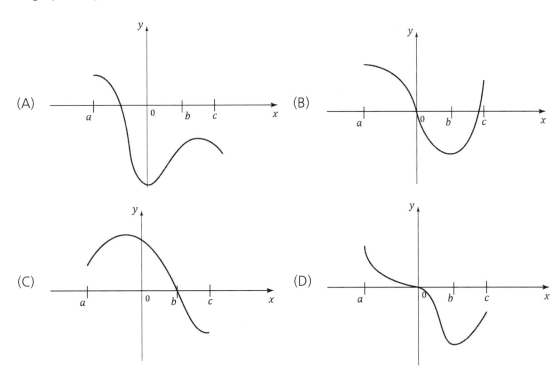

(A)

(B)

(C)

(D)

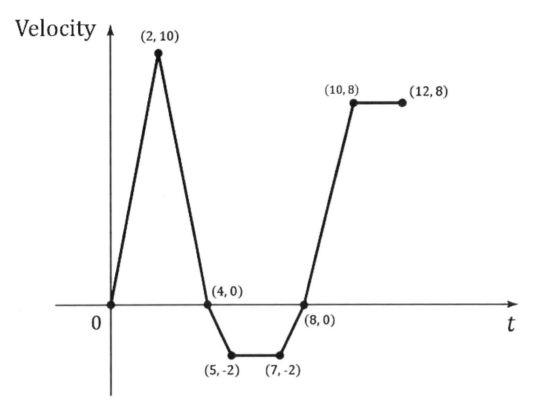

Graph of Velocity

21. An object moves along the x-axis. For $0 \le t \le 12$, the object's velocity is modeled by the piecewise-linear function defined by the graph above. The object is at position $x = 3$ when $t = 0$. Which of the following must be true?

(A) The object changes direction at $t = 5$ and $t = 7$.

(B) The total distance the object travels during the time interval $0 \le t \le 12$ is 38.

(C) The position of the object at $t = 4$ is 23.

(D) The acceleration of the object at $t = 2$ is 5.

22. What are all values of x for which the series $\displaystyle\sum_{n=1}^{\infty} \frac{(x-4)^n}{n \cdot 5^n}$ converge?

(A) $-1 < x < 9$

(B) $-1 < x \leq 9$

(C) $-1 \leq x < 9$

(D) $-1 \leq x \leq 9$

23. A curve has slope $4x+2$ at each point (x, y) on the curve. Which of the following is an equation for this curve if it passes through the point $(-3, 4)$?

(A) $y = 2x^2 + 2x$

(B) $y = 4x$

(C) $y = 4x - 8$

(D) $y = 2x^2 + 2x - 8$

24. $\sin 2x - x^3 \sin 2x + x^6 \sin 2x - x^9 \sin 2x + \cdots =$

(A) $2x \sin x$

(B) $\sin 2x \cdot \ln(1 + x^3)$

(C) $\dfrac{\sin 2x}{1 + x^3}$

(D) $\sin 2x \cdot e^x$

25. Let f be the function defined by $f(x) = \dfrac{1}{3}x^3 - 2x^2 + 3x + 1$. On which of the following intervals is the graph of f both increasing and concave up?

(A) $1 < x < 3$

(B) $x > 3$ or $x < 1$

(C) $0 < x < 1$

(D) $x > 3$

26. If the graph of $y = f(x)$ contains the point $(e, 1)$, $\dfrac{dy}{dx} = \dfrac{\ln x}{xy}$ and $f(x) > 0$ for $x > 1$ then $f(x) =$

(A) x

(B) $\sqrt{x}$

(C) $\ln x$

(D) $\sqrt{\ln x}$

27. The base of a solid is the region enclosed by the graph of $y = \ln x$, the coordinate axes, and the line $x = 2$ and $x = 5$. If all plane cross sections perpendicular to the x-axis are semi-circles, then its volume is

(A) $\dfrac{\pi}{2} \displaystyle\int_2^5 (\ln x)^2 dx$

(B) $\dfrac{\pi}{8} \displaystyle\int_2^5 (\ln x)^2 dx$

(C) $\pi \displaystyle\int_2^5 (\ln x) dx$

(D) $\dfrac{\pi}{8} \displaystyle\int_2^5 (\ln x) dx$

28. Which of the following must be true?

(A) Let the polar curve equation as $r = 2\theta$, then the line tangent equation at $\theta = \dfrac{\pi}{2}$ is $y = \dfrac{\pi}{2}x + \pi$.

(B) Arc length of $y = \sin 2x$ from $x = \dfrac{\pi}{3}$ to $x = \dfrac{\pi}{4}$ is $\displaystyle\int_{\frac{\pi}{3}}^{\frac{\pi}{4}} \sqrt{1 + 4\cos^2 4x}\, dx$.

(C) Let $x = 2\cos\theta$, $y = 3\sin\theta$, then the line tangent equation at $\theta = \pi$ is $x = -2$.

(D) If $\displaystyle\lim_{h \to 0} \dfrac{f(h) - f(0)}{h} = 3$, then $\displaystyle\lim_{x \to 0} f(x) = 3$.

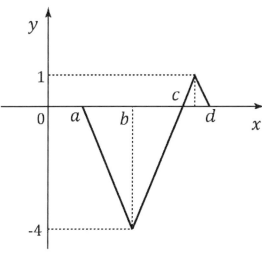

Graph of g

29. The graph of g is shown in the figure above. If $f(x) = \displaystyle\int_0^x g(t)\,dt$, for what value of x does $f(x)$ have an absolute maximum?

(A) a

(B) b

(C) c

(D) d

30. $\int \dfrac{1}{\sqrt{4-x^2}} dx =$

(A) $-\dfrac{2}{3}(4-x)^3 + C$

(B) $\sin^{-1}(\dfrac{1}{2}x) + C$

(C) $\dfrac{1}{2}\sin^{-1}(\dfrac{1}{2}x) + C$

(D) $\dfrac{1}{2}(4-x)^{\frac{3}{2}} + C$

CALCULUS BC
SECTION I, PART B
Time-45 minutes
Number of questions-15

A GRAPHING CALCULATOR IS REQUIRED FOR SOME QUESTIONS ON THIS PART OF THE EXAMINATION.

Directions: Solve each of the following problems, using the available space for scratch work. After examining the form of the choices, decide which is the best of choices given and fill in the corresponding oval on the answer sheet. No credit will be given for anything written in the test book. Do no spend too much time on any one problem.

BE SURE YOU ARE USING PAGE 3 OF THE ANSWER SHEET TO RECORD YOUR ANSWERS TO QUESTIONS NUMBERED 76-90.

YOU MAY NOT RETURN TO PAGE 2 OF THE ANSWER SHEET.

In this test:

(1) The exact numerical value of the correct does not always appear among the choices given. When this happens, select from among the choices the number that best approximates the exact numerical value.

(2) Unless otherwise specified, the domain of a function f is assumed to be the set of all real numbers x for which $f(x)$ is real number.

(3) The inverse of a trigonometric function f may be indicated using the inverse function notation f^{-1} or with the prefix "arc" (e.g, $\sin^{-1}x = \arcsin x$).

76. $\int \dfrac{e^{\tan x}}{\cos^2 x} dx =$

(A) $e^{\sin x} + C$

(B) $\sec^2 x \tan x + C$

(C) $\tan^2 x + C$

(D) $e^{\tan x} + C$

77. The position of an object moving along a path in the xy-plane is given by the parametric equations $x(t) = 3\cos(t)$ and $y(t) = (3t - 2)^2$. What is the speed of the particle at time $t = 0$?

(A) 1

(B) 4

(C) 9

(D) 12

78. $\int x^2 \cdot e^x dx =$

(A) $\frac{1}{3}x^3 e^x - \frac{1}{3}\int e^x x^3 dx$

(B) $x^2 e^x - \int x^2 e^x dx$

(C) $x^2 e^x - xe^x + e^x + C$

(D) $x^2 e^x - 2xe^x + 2e^x + C$

79. The number of squirrel in a forest by the function P and grows according to the logistic differential equation $\frac{dP}{dt} = 0.8P(1 - \frac{P}{200})$, where t is the time in months and $P(0) = 200$. Which of the following is false?

(A) $\lim\limits_{t \to \infty} \frac{dP}{dt} = 0$

(B) $\lim\limits_{t \to \infty} P(t) = 200$

(C) $\frac{d^2 P}{dt^2} < 0$

(D) $\frac{dP}{dt} > 0$

80. The function f is continuous for $-1 \le x \le 3$ and differentiable for $-1 < x < 3$.
If $f(-1) = -2$ and $f(3) = 6$, which of the following statements could be false?
(A) There exists, c, where $-1 < c < 3$, such that $f(c) \le f(x)$ for all x on the closed interval $-1 \le x \le 3$.
(B) There exists, c, where $-1 < c < 3$, such that $f(c) = 0$.
(C) There exists, c, where $-1 < c < 3$, such that $f'(c) = 2$.
(D) There exists, c, where $-1 < c < 3$, such that $f'(c) = 0$

81. Assume that f is a function with $\left| f^{(n)}(x) \right| \le 1$ for all n and all real x. What is the least integer n for which you can be sure that $p_n(\frac{1}{2})$ approximates $f(\frac{1}{2})$ within 0.003?
(A) 1
(B) 2
(C) 3
(D) 4

82. If $y = \sin(3x) + e^{5x}$, then $\dfrac{d^3y}{dx^3} =$

(A) $-27\cos3x + 125e^{5x}$

(B) $-9\sin3x + 25e^{5x}$

(C) $27\sin3x + 125e^{5x}$

(D) $9\cos3x + 25e^{5x}$

83. A particle moves along the $x-$axis so that its velocity v at time t, for $0 \le t \le 8$, is given by $v(t) = \ln(t^2 - 4t + 5)$. The particle is at position $x = 10$ at time $t = 0$. Which of the following must be true?

(A) The acceleration of the particle at time $t = 3$ is 0.69.

(B) The average speed of the particle over the interval $0 \le t \le 8$ is 13.91.

(C) The position of the particle at time $t = 5$ is 4.84.

(D) The speed of the particle over the interval $0 < t < 1$ is decreasing.

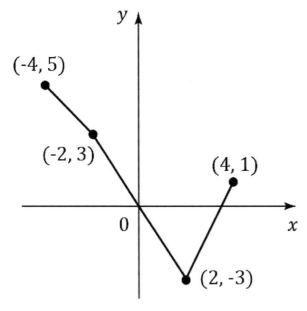

(-4, 5)

(-2, 3)

(4, 1)

0

x

(2, -3)

Graph of f

84. The graph of the function f above consists of three line segments. Let g be the function given by $g(x) = \int_{-4}^{2x} f(t)dt$. Which of the following must be true?

(A) $g'(2) = 1$
(B) $g''(1.5) = 8$
(C) $g(0) = 0$
(D) g has inflection point at $x = 2$.

85. For all values of x, the continuous function f is negative and increasing. Let g be the function given by $g(x) = \int_{1}^{x} f(t)dt$. Which of the following could be a table of values for g?

(A)

x	$g(x)$
1	10
2	5
3	3

(B)

x	$g(x)$
1	10
2	8
3	2

(C)

x	$g(x)$
1	3
2	5
3	10

(D)

x	$g(x)$
1	2
2	8
3	10

86. Let f be the function given by $f(x) = \int_{1}^{x} \sin\left(\dfrac{3}{2t^2}\right)dt$ for $1 \le x \le 3$. At which of the following values of x does f attain a local maximum?

(A) 1.45 only

(B) 2.05 only

(C) 1.45 and 2.51

(D) 2.05 and 2.90

87. The f is defined by power series $f(x) = \sum_{n=0}^{\infty} \dfrac{(-1)^n \cdot x^{2n}}{n!} = 1 - x^2 + \dfrac{1}{2}x^4 - \dfrac{1}{6}x^6 + \cdots$ for all real

numbers x. Which of the following is true?

(A) f has local minimum at $x = 0$.

(B) Interval of convergence of f is $-1 < x \leq 1$.

(C) f converges absolutely.

(D) None of above.

88. $\displaystyle\int_{3}^{7} e^x \, dx =$

(A) $\displaystyle\lim_{n \to \infty} \sum_{k=1}^{n} e^{(3 + \frac{4}{n}k)} \cdot \dfrac{4}{n}$

(B) $\displaystyle\lim_{n \to \infty} \sum_{k=1}^{n} e^{\frac{4}{n}k} \cdot \dfrac{4}{n}$

(C) $\displaystyle\lim_{n \to \infty} \sum_{k=1}^{n} e^{(3 + \frac{4}{n}k)} \cdot \dfrac{1}{n}$

(D) $\displaystyle\lim_{n \to \infty} \sum_{k=1}^{n} e^{\frac{4}{n}k} \cdot \dfrac{1}{n}$

89. A man stands on the road 30 meters north of the crossing and watches an westbound car traveling at 10 meters per second. At how many meters per second is the car moving away from the man 5 seconds after it passes through the intersection? (A road track and a road cross at right angles)

(A) 6.88

(B) 7.26

(C) 8.57

(D) 9.13

x	$f(x)$	$f'(x)$
0	2	1
1	5	2
2	10	7

90. The table above gives selected values for a differentiable and increasing function f and its derivative. If g is the inverse function of f, what is the value of $g'(5)$?

(A) 1

(B) $\dfrac{1}{2}$

(C) $\dfrac{1}{7}$

(D) $\dfrac{1}{10}$

AP Calculus BC Practice Test 2
❯ Answer Key

Part A

1. (B)	6. (B)	11. (B)	16. (C)	21. (C)	26. (C)
2. (A)	7. (C)	12. (C)	17. (C)	22. (C)	27. (B)
3. (C)	8. (D)	13. (B)	18. (D)	23. (D)	28. (C)
4. (A)	9. (B)	14. (D)	19. (D)	24. (C)	29. (A)
5. (D)	10. (D)	15. (D)	20. (B)	25. (D)	30. (B)

Part B

76. (D)	79. (C)	82. (A)	85. (A)	88. (A)
77. (D)	80. (D)	83. (D)	86. (C)	89. (C)
78. (D)	81. (C)	84. (B)	87. (C)	90. (B)

Part A

1. (B)

$$\{(\sin(x^2))^2\}' = 2(\sin(x^2)) \cdot \cos(x^2) \cdot 2x$$
$$= 4x \cdot \sin(x^2) \cdot \cos(x^2)$$
$$= 2x \cdot 2\sin(x^2) \cdot \cos(x^2)$$
$$= 2x \sin(2x^2)$$

※ $\sin 2x = 2\sin x \cos x$

2. (A)

$$\sum_{k=0}^{\infty} (-\frac{2}{e})^k = 1 - \frac{2}{e} + \frac{4}{e^2} - \frac{8}{e^3} + \cdots = \frac{1}{1 - \frac{2}{e}} = \frac{1}{\frac{e-2}{e}} = \frac{e}{e-2}$$

3. (C)

Let $x^2 + 3 = u$, then $2x = \dfrac{du}{dx}$.

Therefore, $\displaystyle\int_4^7 \frac{2x}{u} \cdot \frac{du}{2x} = \int_4^7 \frac{1}{u} du = [\ln u]_4^7$

$$= \ln 7 - \ln 4 = \ln \frac{7}{4}$$

4. (A)

Use the following formula.

Arc Length $= \int_a^b \sqrt{1 + (\frac{dy}{dx})^2}\, dx$

5. (D)

f has inflection point where graph of f' changes from increasing to decreasing or decreasing to increasing. Therefore, f has three inflection points. Relative minimum is made where graph of f' changes from negative to positive, so f has two relative minima.

6. (B)

$$\sum_{n=1}^{\infty} \frac{1}{n(n+1)} = \sum_{n=1}^{\infty} (\frac{1}{n} - \frac{1}{n+1})$$

$$= (1 - \frac{1}{2}) + (\frac{1}{2} - \frac{1}{3}) + (\frac{1}{3} - \frac{1}{4}) + \cdots + (\frac{1}{n} - \frac{1}{n+1}) + \cdots$$

$$= 1$$

7. (C)

In the figure given, f is discontinuous at $x = 2$ so it becomes not differentiable.

$\lim_{x \to a^-} f(x) \ne \lim_{x \to a^+} f(x)$, and $\lim_{x \to a} f(x)$ is nonexistent.

8. (D)

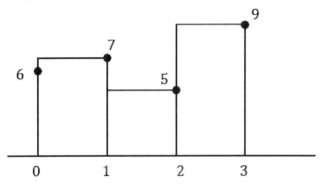

Area $= 7 + 5 + 9 = 21$

Let velocity and acceleration at t be $V(t)$ and $a(t)$, respectively. Since $V(3) - V(0) = \int_0^3 a(t)dt$ and

$\int_0^3 a(t)dt = 21$, $V(3) = 10 + \int_0^3 a(t)dt = 31\,ft/\sec$

9. (B)

$y_n = y_{n-1} + \Delta x (y_{n-1})'$

① $y_1 = y_0 + \dfrac{1}{2}(y_0)'$, $y_0' = x_0 + 2y_0 = 3$

$y_1 = 1 + \dfrac{1}{2} \cdot 3 = \dfrac{5}{2}$

② $y_2 = y_1 + \dfrac{1}{2}(y_1)'$, so $\dfrac{5}{2} + \dfrac{1}{2}(\dfrac{1}{2} + \dfrac{10}{2}) = \dfrac{21}{4}$

10. (D)

$H_1(x) = f(0) + f'(0)x$

$H_1(\dfrac{1}{3}) = 5 = -1 + f'(0) \cdot \dfrac{1}{3}$, so $f'(0) = 18$

11. (B)

Let $\sin(t^2+t)$ as $f(t)$,

$$\lim_{x\to 2}\frac{\displaystyle\int_2^x f(t)dt}{x-2} \quad\Rightarrow\quad \lim_{x\to 2}\frac{F(x)-F(2)}{x-2}, \text{ and use L'Hopital's Rule, then}$$

$$\lim_{x\to 2}\frac{f(x)}{1} \quad\Rightarrow\quad \lim_{x\to 2}(\sin(x^2+x)) = \sin 6.$$

12. (C)

$$x = \theta\cdot\cos\theta \quad\Rightarrow\quad \frac{dx}{d\theta} = \cos\theta - \theta\cdot\sin\theta$$

$$y = \theta\cdot\sin\theta \quad\Rightarrow\quad \frac{dy}{d\theta} = \sin\theta + \theta\cdot\cos\theta$$

When $\theta = \dfrac{\pi}{2}$, slope $= \dfrac{\dfrac{dy}{d\theta}}{\dfrac{dx}{d\theta}} = \dfrac{-\dfrac{\pi}{2}}{1} = -\dfrac{\pi}{2}$, and $x = 0$, $y = \dfrac{\pi}{2}$, so $y = -\dfrac{\pi}{2}x + \dfrac{\pi}{2}$.

13. (B)

$$\Rightarrow \lim_{k\to 0+}\int_k^{10}\ln x\,dx \quad\Rightarrow\quad \lim_{k\to 0+}[x\ln x - x]_k^{10}$$

$$\Rightarrow \lim_{k\to 0+}(10\ln 10 - 10 - k\ln k + k) = 10\ln 10 - 10$$

14. (D)

(A) Use Limit Comparison Test

$$\Rightarrow \lim_{n \to \infty} \frac{3n-1}{n^3 + 2n^2 + 1} \times n^2 = 3.$$

Therefore, Converge.

(B) Use Ratio Test

$$\lim_{n \to \infty} \left| \frac{\dfrac{2(n+1)^2}{(\ln 4)^n \cdot (\ln 4)}}{\dfrac{2n^2}{(\ln 4)^n}} \right| \Rightarrow \lim_{n \to \infty} \left| \frac{(n+1)^2}{n^2 \cdot (\ln 4)} \right| = \frac{1}{\ln 4} < 1.$$

Therefore, Converge.

(C) $\displaystyle\sum_{n=1}^{\infty} (-1)^n \cdot \frac{3n+1}{n(n-2)} \Rightarrow$ Converge.

$$\sum_{n=1}^{\infty} \left| (-1)^n \cdot \frac{3n+1}{n(n-2)} \right| \Rightarrow \sum_{n=1}^{\infty} \frac{3n+1}{n^2 - 2n}$$

Here, use Limit Comparison Test.

$\displaystyle\sum_{n=1}^{\infty} \frac{1}{n}$ Diverges, and since $\displaystyle\lim_{n \to \infty} \frac{3n+1}{n^2-2n} \times n = 3$, so Conditionally Convergent.

(D) Use Ratio Test.

$$\lim_{n \to \infty} \left| \frac{(-1)^n (-1) \cdot \dfrac{(n+1)^2}{2^n \cdot 2}}{(-1)^n \cdot \dfrac{n^2}{2^n}} \right| = \lim_{n \to \infty} \left| -\frac{(n+1)^2}{2n^2} \right| = \frac{1}{2} < 1$$

Therefore, Converges absolutely.

15. (D)

We can infer the graph of f from the graph of f' as follows.

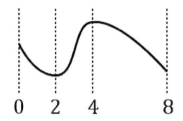

Graph of f

Values that can be absolute maximum are those when $x=0$ and $x=4$.

Therefore, $f(4)-f(0)=\int_0^4 f'(x)dx>0$, so $f(4)>f(0)$.

Therefore, Absolute maximum is $f(4)$.

$f(4)-f(3)=\int_3^4 f'(x)dx$, so $\int_3^4 f'(x)dx=\dfrac{1}{2}\times 4=2$.

Therefore, $f(4)=f(3)+2=4$.

16. (C)

I. f has removable discontinuity at $x=2$. ($\ast\ \lim\limits_{x\to 2-}f(x)=\lim\limits_{x\to 2+}f(x)$)

II. f has jump discontinuity at $x=4$. ($\ast\ \lim\limits_{x\to 2-}f(x)\neq\lim\limits_{x\to 2+}f(x)$)

III. Since $\lim\limits_{x\to 2-}f(x)=\lim\limits_{x\to 2+}f(x)$, so $\lim\limits_{x\to 2}f(x)$ exists.

17. (C)

(A) Let $h(t)=\sqrt{1+t^2}$, then $f(x)=\int_0^{2x}h(t)dt$, so $f(x)=H(2x)-H(0)$.

$f'(x)=2h(2x)=2\sqrt{1+4x^2}$

(B) $g(x)=f(e^{3x})=\int_0^{2e^{3x}}\sqrt{1+t^2}\,dt$, so let $h(t)=\sqrt{1+t^2}$, then $g(x)=\int_0^{2e^{3x}}h(t)dt$.

From $g(x)=H(2e^{3x})-H(0)$, $g'(x)=6e^{3x}\cdot h(2e^{3x})=6e^{3x}\cdot\sqrt{1+4e^{6x}}$.

(C) At $x=0$, $f(0)=\int_0^0\sqrt{1+t^2}\,dt=0$, and from $f'(x)=2\sqrt{1+4x^2}$, so $f'(0)=2$.

Therefore, $y=2x$.

18. (D)

(A) The area of R is $R = \int_0^2 (x - \frac{1}{2}x^2)dx$.

(B) The volume is $\int_0^2 \cos(\frac{2\pi}{3}x)dx$.

(C) The volume is $\pi \int_0^2 \left\{ (\frac{1}{2}x^2 - 2)^2 - (x - 2)^2 \right\} dx$.

(D) The volume is $2\pi \int_0^2 (x^2 - \frac{1}{2}x^3)dx$. (Shell Method)

19. (D)

I. $\dfrac{\int_2^4 f'(x)dx}{4 - 2} = \dfrac{1}{2}(f(4) - f(2)) = \dfrac{13 - 5}{2} = 4$

II. $\dfrac{f(4) - f(2)}{4 - 2} = \dfrac{13 - 5}{2} = 4$.

III. By Intermediate Value Theorem, since $f(2) = 5$ and $f(4) = 13$, c that satisfies $f(c) = 7$ exists at least 1 between 2 and 4.

20. (B)

From $f(x) = G(x) - G(a)$, $f'(x) = g(x)$.

That is, the graph given is the graph of f', from a to b, f' is negative, so f is decreasing, and from b to c, it is positive, so f is increasing.

From a to 0, f' is decreasing, so f is concave down, and from 0 to c, f' is increasing, so f is concave up.

21. (C)

(A) The object changes direction at $t = 4$ and $t = 8$.

(B) The total distance the object travels during the time interval $0 \leq t \leq 12$ is 50.

(C) $x(4) - x(0) = \int_0^4 v(t)dt$, so $\int_0^4 v(t)dt = \dfrac{1}{2} \times 4 \times 10 = 20$, and $x(0) = 3$,

so $x(4) = 3 + 20 = 23$.

(D) At $t = 2$, it is not differentiable, so false.

22. (C)

$$\lim_{n \to \infty} \left| \frac{\dfrac{(x-4)^n (x-4)}{(n+1) \cdot 5 \cdot 5^n}}{\dfrac{(x-4)^n}{n \cdot 5^n}} \right| < 1$$

$$\Rightarrow \lim_{n \to \infty} \left| \frac{5}{5(n+1)} (x-4) \right| < 1$$

$$\Rightarrow \frac{|x-4|}{5} < 1 \Rightarrow -5 < x - 4 < 5$$

$$\Rightarrow -1 < x < 9$$

Endpoint Test

① $x = 9$, $\displaystyle\sum_{n=1}^{\infty} \frac{5^n}{n \cdot 5^n} \Rightarrow \sum_{n=1}^{\infty} \frac{1}{n} \Rightarrow$ Diverge!

② $x = -1$, $\displaystyle\sum_{n=1}^{\infty} \frac{(-1)^n \cdot 5^n}{n \cdot 5^n} \Rightarrow \sum_{n=1}^{\infty} (-1)^n \cdot \frac{1}{n}$

Let $b_n = \dfrac{1}{n}$, then $b_n > 0$, $b_n > b_{n+1}$, $\displaystyle\lim_{n \to \infty} b_n = 0$, therefore Converge.

Therefore, the interval of convergence is $-1 \leq x < 9$.

23. (D)

From $\dfrac{dy}{dx} = 4x + 2$, $\displaystyle\int 1 dy = \int (4x+2)dx$

$\Rightarrow$ From $y = 2x^2 + 2x + C$, $4 = 18 - 6 + C$, so $C = -8$.

Therefore, $y = 2x^2 + 2x - 8$.

24. (C)

$$f(x) = \ln(1+x) = x - \frac{1}{2}x^2 + \frac{1}{3}x^3 - \frac{1}{4}x^4 + \frac{1}{5}x^5 + \cdots$$

$$\Rightarrow f'(x) = \frac{1}{1+x} = 1 - x + x^2 - x^3 + x^4 + \cdots$$

Substitute x^3 for x.

$$\frac{1}{1+x^3} = 1 - x^3 + x^6 - x^9 + x^{12} + \cdots$$

Multiply $\sin 2x$ on both sides, then

$$\frac{\sin 2x}{1+x^3} = \sin 2x - x^3 \sin 2x + x^6 \sin 2x - x^9 \sin 2x + \cdots$$

25. (D)

Interval where f is increasing is where $f' > 0$, and interval where f is concave up is where f' is increasing.

In $f'(x) = x^2 - 4x + 3$, interval where $f'(x) > 0$ is $x > 3$ or $x < 1$.

In $f''(x) = 2x - 4 > 0$, f is concave up when $x > 2$.

Therefore, $x > 3$.

26. (C)

$\int y\,dy = \int \frac{1}{x} \ln x\, dx$, let $\ln x = u$, then $\frac{1}{x} = \frac{du}{dx}$.

$\frac{1}{2}y^2 = \int \frac{1}{x} ux\, du \quad \Rightarrow \quad \frac{1}{2}y^2 = \frac{1}{2}u^2 + C$, therefore $\frac{1}{2}y^2 = \frac{1}{2}(\ln x)^2 + C$.

$\frac{1}{2} = \frac{1}{2} + C$, so $C = 0$.

Therefore, $\frac{1}{2}y^2 = \frac{1}{2}(\ln x)^2$, since $y = \pm \ln x$, $y = \ln x$.

27. (B)

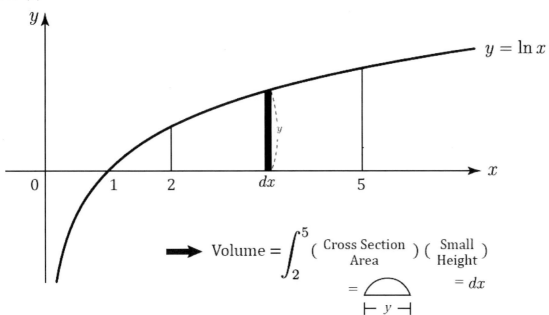

$$\Rightarrow \text{Volume} = \int_2^5 \frac{1}{2}\pi(\frac{1}{2}y)^2 dx = \frac{\pi}{8}\int_2^5 y^2 dx = \frac{\pi}{8}\int_2^5 (\ln x)^2 dx.$$

28. (C)

(A) $x = 2\theta\cos\theta$, $y = 2\theta\sin\theta$, so $\dfrac{dx}{d\theta} = 2\cos\theta - 2\theta\sin\theta$, $\dfrac{dy}{d\theta} = 2\sin\theta + 2\theta\cos\theta$

Therefore, slope $= \dfrac{\dfrac{dy}{d\theta}}{\dfrac{dx}{d\theta}} = -\dfrac{2}{\pi}$, and since $x = 2 \cdot \dfrac{\pi}{2} \cdot \cos\dfrac{\pi}{2} = 0$, $y = 2 \cdot \dfrac{\pi}{2} \cdot \sin\dfrac{\pi}{2} = \pi$,

$y - \pi = -\dfrac{2}{\pi}x$, therefore $y = -\dfrac{2}{\pi}x + \pi$.

(B) $\dfrac{dy}{dx} = 2\cos2x$, therefore the arc length $L = \int_{\frac{\pi}{3}}^{\frac{\pi}{4}} \sqrt{1 + (2\cos2x)^2}\, dx$.

$L = \int_{\frac{\pi}{3}}^{\frac{\pi}{4}} \sqrt{1 + 4\cos^2 2x}\, dx$.

(C) Slope $= \dfrac{\dfrac{dy}{d\theta}}{\dfrac{dx}{d\theta}} = \dfrac{3\cos\theta}{-2\sin\theta}$, so at $\theta = \pi$, the slope does not exist.

That is, it becomes a vertical line, so $x = 2\cos\pi = -2$. Therefore $x = -2$

(D) $\lim\limits_{h \to 0} \dfrac{f(x+h) - f(x)}{h} = f'(x)$, so $\lim\limits_{h \to 0} \dfrac{f(h) - f(0)}{h} = f'(0) = 3$.

That is, the slope of the line tangent at $x = 0$ is 3.

We can not certify that it is always $\lim\limits_{x \to 0} f(x) = 3$.

29. (A)

From $f(x) = G(x) - G(0)$, $f'(x) = g(x)$.

Therefore, we can infer the graph of f from the graph of $f' = g$, as follows.

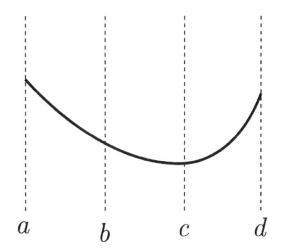

$f(d)$ or $f(a)$ can be the absolute maximum.

From $f(d) - f(a) = \int_a^d f'(x)dx < 0$, $f(d) < f(a)$.

Therefore, the answer is (A) a.

30. (B)

$\int \dfrac{1}{2\sqrt{1 - (\frac{1}{2}x)^2}} dx$, and let $\dfrac{1}{2}x = u$, then

$\dfrac{1}{2}\int \dfrac{1}{\sqrt{1 - u^2}} dx$, $\dfrac{1}{2} = \dfrac{du}{dx}$, so $\dfrac{1}{2}\int \dfrac{1}{\sqrt{1 - u^2}} 2du$

Therefore $\int \dfrac{1}{\sqrt{1 - u^2}} du = \sin^{-1}u + C$

Therefore $\sin^{-1}(\dfrac{1}{2}x) + C$.

Part B

76. (D)

From $\displaystyle\int \frac{1}{\cos^2 x} \cdot e^{\tan x} dx \;\Rightarrow\; \int \sec^2 x \cdot e^{\tan x} dx$, let $\tan x = u$, then $\sec^2 x = \dfrac{du}{dx}$.

$\displaystyle\int \sec^2 x \cdot e^u \cdot \frac{du}{\sec^2 x} \;\Rightarrow\; \int e^u du = e^u + C$

Therefore, $e^{\tan x} + C$.

77. (D)

Speed $= \sqrt{(x'(t))^2 + (y'(t))^2} = \sqrt{9\sin^2 0 + (6(-2))^2} = \sqrt{12^2} = 12$

78. (D)

$\cdot \displaystyle\int x^2 e^x dx = x^2 e^x - 2\int x e^x dx$

$\cdot \displaystyle\int x e^x dx = x e^x - \int e^x dx = x e^x - e^x + C$

Therefore, $x^2 e^x - 2x e^x + 2e^x + C$

79. (C)

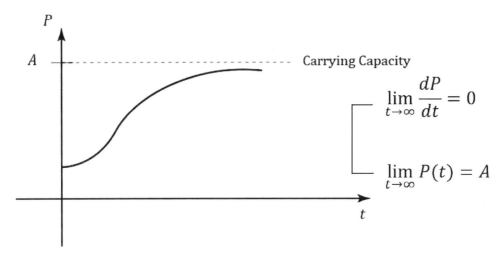

Like as we can see in the figure above, since $\lim\limits_{t\to\infty}\dfrac{dP}{dt}=0$, so $\lim\limits_{t\to\infty}P(t)=200$.

This is an increasing graph, so $\dfrac{dP}{dt}>0$, but it changes from concave up to concave down, so it

changes from $\dfrac{d^2P}{dt^2}>0$ to $\dfrac{d^2P}{dt^2}<0$.

80. (D)

(A) Since function f is continuous at $-1\le x\le 3$, the minimum value exists.

(B) Function f is continuous at $-1\le x\le 3$ and $f(-1)=-2$, $f(3)=6$. Therefore, by Intermediate Value Theorem, c that satisfies $f(c)=0$ at least 1 exist within the given interval.

(C) By Mean Value Theorem, $f'(c)=\dfrac{6-(-2)}{3-(-1)}=2$.

(D) Since there are no condition like $f(-1)=f(3)$, c that satisfies $f'(c)=0$ may exist or not exist in the given interval.

81. (C)

Let the maximum value of function f as M, then $M = 1$.

$$\Rightarrow \left| f(\tfrac{1}{2}) - P_n(\tfrac{1}{2}) \right| = R_n(\tfrac{1}{2}) \le \frac{1}{(n+1)!} \cdot (\tfrac{1}{2})^{n+1} < 0.003$$

① $n = 1$, $\dfrac{1}{2!} \times (\tfrac{1}{2})^2 \approx 0.125$

② $n = 2$, $\dfrac{1}{3!} \times (\tfrac{1}{2})^3 \approx 0.02$

③ $n = 3$, $\dfrac{1}{4!} \times (\tfrac{1}{2})^4 \approx 0.0026$

④ $n = 4$, $\dfrac{1}{5!} \times (\tfrac{1}{2})^5 \approx 0.00026$

Therefore, $n = 3$.

82. (A)

$$\frac{d^3 y}{dx^3} = \boxed{\frac{d}{dx}}\boxed{\frac{d}{dx}}\boxed{\frac{dy}{dx}}$$
$$\qquad\quad ③ \quad\; ② \quad\; ①$$

① $\dfrac{dy}{dx} = 3\cos 3x + 5e^{5x}$

② $\dfrac{d}{dx}\dfrac{dy}{dx} = \dfrac{d}{dx}(3\cos 3x + 5e^{5x}) = -9\sin 3x + 25e^{5x}$

③ $\dfrac{d}{dx}\dfrac{d}{dx}\dfrac{dy}{dx} = \dfrac{d^3 y}{dx^3} = \dfrac{d}{dx}(-9\sin 3x + 25e^{5x}) = -27\cos 3x + 125e^{5x}$

83. (D)

(A) Let the acceleration as $a(t)$, then at time $t = 3$, $a(3) \approx 1$.

(B) Average Speed $= \dfrac{1}{8}\displaystyle\int_0^8 |v(t)|\, dt \approx 1.74$

(C) From $x(5) - x(0) = \displaystyle\int_0^5 v(t)\, dt$, $x(5) = 10 + \displaystyle\int_0^5 v(t)\, dt \approx 14.84$

(D) Velocity is positive at $0 < t < 1$, and acceleration is negative at $0 < t < 1$.

Therefore, in the given interval, speed is decreasing.

84. (B)

From $g(x) = F(2x) - F(-4)$, $g'(x) = 2f(2x)$.

(A) $g'(2) = 2f(4) = 2$

(B) From $g''(x) = 4f'(2x)$, $g''(1.5) = 4f'(3)$.

$f'(3) = \dfrac{1-(-3)}{4-2} = \dfrac{4}{2} = 2$

Therefore, $g''(1.5) = 4 \cdot 2 = 8$

(C) $g(0) = \displaystyle\int_{-4}^{0} f(t)dt = \dfrac{1}{2} \cdot 2 \cdot 3 + \dfrac{1}{2}(3+5) \cdot 2 = 11$

(D) Since $g'(1) = 2f(2)$ and f changes from decreasing to increasing at $x = 2$, g has inflection point at $x = 1$.

85. (A)

From $g(x) = F(x) - F(1)$, $g'(x) = f(x)$.

When $g' = f < 0$ and $g' = f$ is increasing, g is both decreasing and concave up.

86. (C)

Let $\sin\left(\dfrac{3}{2t^2}\right) = g(t)$, then from $f(x) = G(x) - G(1)$, $f'(x) = g(x) = \sin\left(\dfrac{3}{2x^2}\right)$.

Using calculator, let's draw the graph of $f'(x)$.

Then, sign of f' changes from positive to negative at $x = 1.45$ and $x = 2.51$.

Therefore, function f has local maximum at $x = 1.45$ and $x = 2.51$.

87. (C)

(A) $f'(x)=-2x+2x^3-x^5+\cdots$, so $f'(0)=0$

$f''(x)=-2+6x^2-5x^4+\cdots$, so $f''(0)<0$

Therefore, f has local maximum at $x=0$.

(B) From $\lim\limits_{n\to\infty}\left|\dfrac{\dfrac{(-1)^n\cdot(-1)\cdot x^{2n}\cdot x^2}{(n+1)!}}{\dfrac{(-1)^n\cdot x^{2n}}{n!}}\right|<1,\ \lim\limits_{n\to\infty}\left|-\dfrac{1}{n+1}\cdot x^2\right|<0,$

so the interval of convergence is $(-\infty,\ \infty)$.

(C) When $x=2$, $f(x)=\displaystyle\sum_{n=0}^{\infty}\dfrac{(-1)^n\cdot 2^{2n}}{n!}\ \Rightarrow\ \displaystyle\sum_{n=1}^{\infty}\left|\dfrac{(-1)^n\cdot 2^{2n}}{n!}\right|$

$\Rightarrow\ \displaystyle\sum_{n=1}^{\infty}\dfrac{2^{2n}}{n!}\ \Rightarrow$ use Ratio Test!

$\lim\limits_{n\to\infty}\dfrac{\dfrac{2^{2n}\cdot 2^2}{(n+1)!}}{\dfrac{2^{2n}}{n!}}\ \Rightarrow\ \lim\limits_{n\to\infty}\dfrac{4}{n+1}<1$, so Converge absolutely.

88. (A)

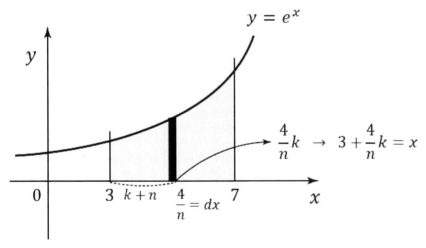

From the figure above,

① $\dfrac{4}{n}=dx$ ② $3+\dfrac{4}{n}k=x$, therefore $\lim\limits_{n\to\infty}\displaystyle\sum_{k=1}^{n}e^{(3+\frac{4}{n}k)}\cdot\dfrac{4}{n}$

89. (C)

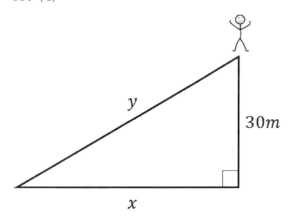

From $y^2 = x^2 + 30^2$, since $2y\dfrac{dy}{dt} = 2x\dfrac{dx}{dt}$, $\dfrac{dy}{dt} = \dfrac{x}{y}\dfrac{dx}{dt}$.

$t = 5$seconds, therefore $x = 5 \times 10 = 50$.

Then, by $y^2 = 30^2 + 50^2$, $y \approx 58.31$ and $\dfrac{dx}{dt} = 10$.

Therefore, $\dfrac{dy}{dt} = \dfrac{50}{58.31} \times 10 \approx 8.57$.

90. (B)

$g'(5) = (f^{-1})'(5) = \dfrac{1}{f'(1)} = \dfrac{1}{2}$

AP Calculus BC
☀ Practice Test 3

CALCULUS BC
SECTION I, Part A
Time-60 minutes
Number of questions-30

A CALCULATOR MAY NOT BE USED ON THIS PART OF THE EXAMINATION.

Directions: Solve each of the following problems, using the available space for scratchwork. After examining the form of the choices, decide which is the best of the choices given and fill in the corresponding oval on the answer sheet. No credit will be given for anything written in the test book. Do not spend too much time on any one problem.

In this test:

(1) Unless otherwise specified, the domain of a function is assumed to be the set of all real numbers x for which $f(x)$ is a real number.

(B) The inverse of a trigonometric function f may be indicated using the inverse function notation f^{-1} or with the prefix "arc" (e.g., $\sin^{-1} = \arcsin x$).

1. $\lim\limits_{x \to \infty} \dfrac{3^{x-1}+1}{3^{x+1}+1}$ is

(A) $\dfrac{1}{9}$

(B) -2

(C) 2

(D) 3

2. $\displaystyle\int \dfrac{\ln x}{x}\,dx =$

(A) $\ln x^2 + C$

(B) $\dfrac{1}{2}(\ln x)^2 + C$

(C) $x^{-1} + C$

(D) $-x^{-1} + C$

3. If $\dfrac{dy}{dx} = \sqrt{3+x^2}$ then $\dfrac{d^2y}{dx^2} =$

(A) x

(B) $\sqrt{3+x^2}$

(C) $\dfrac{1}{\sqrt{3+x^2}}$

(D) $\dfrac{x}{\sqrt{3+x^2}}$

4. $\displaystyle\int \sin(3x)\,dx =$

(A) $-3\cos(3x) + C$

(B) $-\dfrac{1}{3}\cos x + C$

(C) $-3\cos x + C$

(D) $-\dfrac{1}{3}\cos(3x) + C$

5. $\lim\limits_{x \to 1} \dfrac{|x-1|}{x^2 - 3x + 2}$ is

(A) Nonexistent

(B) -1

(C) 0

(D) 1

6. $f(x) = \begin{cases} \dfrac{x^2 + 3x + 2}{x + 1} & (x \neq -1) \\ 2 & (x = -1) \end{cases}$

Let f be the function defined above. Which of the following statements about f are true?

I. f has a limit at $x = -1$

II. f is continuous at $x = -1$

III. f is differentiable at $x = -1$

(A) I only

(B) II only

(C) III only

(D) I and II only

7. A particle moves along the y-axis with acceleration of $a(t)=2$ and when time $t=1$, the velocity is -2. The particle is at position $y=1$ when time $t=0$. what is the position of the particle at time $t=2$?

(A) -3

(B) -1

(C) 0

(D) 2

8. $\int \dfrac{x+1}{x^2+2x+5}\,dx =$

(A) x^2+2x+5

(B) $e^{x^2+2x+5}+C$

(C) $2\ln|x^2+2x+5|+C$

(D) $\dfrac{1}{2}\ln|x^2+2x+5|+C$

9. If $f(x) = e^{\tan(2x)}$, then $f'(x) =$

(A) $2e^{(2/x)} \ln x$

(B) $2e^{\tan 2x} \sec^2 2x$

(C) $e^{(-2/x^2)}$

(D) $-\dfrac{1}{x^2} e^{(2/x)}$

10. The function of f is given by $f(x) = \sqrt[3]{x-2}$. Which value of x makes f attain its critical value of x?

(A) 2

(B) 3

(C) 4

(D) 5

x	1.8	2.2	2.4	2.6
$f(x)$	5	7	11	20

11. The function of f is differentiable and has values as shown in the table above which of the following could be the value of $f'(2)$?

(A) 5

(B) 8

(C) 12

(D) 18

12. If $\tan(xy) = 2x$, then $\dfrac{dy}{dx} =$

(A) $\dfrac{1}{\cos(xy)}$

(B) $\dfrac{1}{x\cos(xy)}$

(C) $\dfrac{1 - \cos(xy)}{\cos(xy)}$

(D) $\dfrac{2\cos^2(xy) - y}{x}$

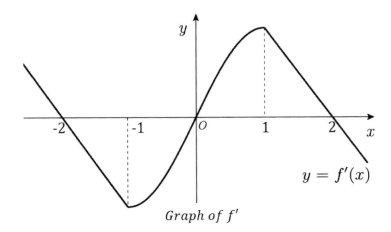

Graph of f'

13. The graph of f', the derivative of the function f, is shown above. Which of the following statements about f are true?

I. f is both concave up and increasing for $0 < x < 1$.

II. f is not differentiable at $x = -1$ and 1.

III. f has a local minimum at $x = 0$.

(A) I only

(B) III only

(C) I and II only

(D) I and III only

14. A water jar has a height of 15cm. The area, in square centimeters, of the horizontal cross section at height h centimeter is modeled by the function w given by $w(h) = e^{2h} + h$. Based on this model, what is the volume of the water jar?

(A) $e^{30} + 225$

(B) $\dfrac{1}{2}e^{30}$

(C) $\dfrac{1}{2}e^{30} + 112$

(D) $\dfrac{1}{2}e^{30} + \dfrac{225}{2}$

15. If $f(x) = x^2$ and $g(x) = \sin(2x)$, then $(f \circ g)'$ is

(A) $2\sin(4x)$

(B) $2\sin(2x)$

(C) $2\cos(2x)$

(D) $2\sin(2x)\sin(4x)$

x	1	2	3	4	5
$f'(x)$	2	-3	0	2	-2

16. The polynomial function f has selected values of its first derivative f' given in the table above. Which of the following statements must be true?

(A) f has relative maximum at $x = 4$

(B) f has a point of inflection at $x = 3$

(C) f is increasing on the interval $(3,4)$

(D) f has at least one local maximum on the interval $(1,2)$

17. What is(are) horizontal asymptotes of the graph of $y = \dfrac{2 + 3^{x+1}}{2 - 3^x}$ in the xy-plane?

(A) $y = 1$

(B) $y = -3$

(C) $y = 0$ and $y = 1$

(D) $y = -3$ and $y = 1$

18. $\dfrac{d}{dx} \displaystyle\int_1^{x^2} \sec t \, dt =$

(A) $2x \sec x$

(B) $2x \sec x^2$

(C) $2x^2 \sec x^2$

(D) $\sec x$

19. A curve has slope of $x-2$ at each point (x,y) on the curve. Which of the following is an equation for this curve if it passes through the point $(2,-2)$?

(A) $y = x^2 - x$

(B) $y = x^2 - 2x$

(C) $y = \dfrac{1}{2}x^2 - 2x + 1$

(D) $y = \dfrac{1}{2}x^2 - 2x$

20. Let f be a function with second derivative given by $f''(x) = x^2(x-1)^3(x-4)^4$. What is the x-coordinate of the points of inflection of the graph of f?

(A) 0 only

(B) 1 only

(C) 1 and 4 only

(D) 0 and 4 only

21. A student wants to design an open box having a square base and a surface area of 24 square inches. What dimensions will produce a box with maximum volume?

(A) $2\sqrt{2} \times 2\sqrt{2} \times \sqrt{2}$

(B) $\sqrt{2} \times \sqrt{2} \times \dfrac{11\sqrt{2}}{4}$

(C) $2 \times 2 \times \dfrac{5}{2}$

(D) $1 \times 1 \times \dfrac{23}{4}$

22. What is the coefficient of x^5 in the Taylor series for $\dfrac{2x}{1+x^2}$ about $x = 0$?

(A) 1

(B) 2

(C) e

(D) $\dfrac{1}{2^5}$

23. Which of the following series converge?

I. $\displaystyle\sum_{n=1}^{\infty} \frac{n!}{e^n}$

II. $\displaystyle\sum_{n=1}^{\infty} \frac{1}{n^2+1}$

III. $\displaystyle\sum_{n=1}^{\infty} \frac{n}{3n-1}$

(A) None
(B) II only
(C) III only
(D) I and II only

24. A curve P is defined by the parametric equations $x = t^2 - 4t + 1$ and $y = 3t + 1$. What is the equation of the line tangent to the graph of P at the point $(-3, 7)$?
(A) $x = -3$
(B) $y = 7$
(C) $y = -\dfrac{4}{11}(x+3)+7$
(D) $y = -11(x+3)+7$

25. Which of the following series are conditionally convergent?

I. $\displaystyle\sum_{n=1}^{\infty} \frac{(-1)^n}{\sqrt{n}}$ 　　　II. $\displaystyle\sum_{n=1}^{\infty} \frac{(-1)^n}{n^3}$ 　　　III. $\displaystyle\sum_{n=1}^{\infty} \frac{(-1)^n}{n}$

(A) I only

(B) II only

(C) I and II only

(D) I and III only

26. A function f has Maclaurin series given by $-\dfrac{x^4}{2} + \dfrac{x^5}{3} - \dfrac{x^6}{4} + \ldots + \dfrac{(-1)^{n-1} \cdot x^{n+2}}{n} + \ldots$.

Which of the following is an expression for $f(x)$?

(A) $-x \sin x - x^2$

(B) $x^2 \cos x^2 - x$

(C) $x^2 \ln(1+x) - x^3$

(D) $x^2 e^x - x^3$

27. What is the slope of the line tangent to the polar curve $r = \theta$ at the point $\theta = \pi$?

(A) $-\pi$

(B) $-\dfrac{2}{\pi}$

(C) $-\dfrac{\pi}{2}$

(D) π

28. The population $P(t)$ of a rabbit in a region satisfies the logistic differential equation $\dfrac{dP}{dt} = P\left(3 - \dfrac{P}{1000}\right)$, where the initial population $P(0) = 200$ and t is the time in years. What is $\lim\limits_{t \to \infty} P(t)$?

(A) 500

(B) 1,000

(C) 2,000

(D) 3,000

29. The function f is continuous on the closed interval $[1,3]$ and differentiable on the open interval $(1,3)$. If $f'(2) = -1$ and $f''(x) > 0$ on the open interval $(1,3)$, which of the following could be a table of values for f?

(A)

x	$f(x)$
1	3
2	2
3	1.5

(B)

x	$f(x)$
1	3.5
2	2
3	1.5

(C)

x	$f(x)$
1	4
2	2
3	1

(D)

x	$f(x)$
1	2
2	2.5
3	3.5

30. The nth derivative of a function f at $x = 1$ is given by $f^{(n)}(1) = (-1)^n \dfrac{n!}{2^n}$ for all $n \geq 0$.

Which of the following is the Taylor series for f?

(A) $1 - \dfrac{1}{2}(x-1) + \dfrac{1}{4}(x-1)^2 - \dfrac{1}{8}(x-1)^3 + \ldots$

(B) $1 - \dfrac{1}{2!}(x-1) + \dfrac{1}{4!}(x-1)^2 - \dfrac{1}{8!}(x-1)^3 + \ldots$

(C) $1 + \dfrac{1}{2}(x-1) + \dfrac{1}{3}(x-1)^2 + \dfrac{1}{6}(x-1)^3 + \ldots$

(D) $1 - \dfrac{1}{2!}(x-1) + \dfrac{1}{3!}(x-1)^2 - \dfrac{1}{4!}(x-1)^3 + \ldots$

CALCULUS BC
SECTION I, PART B
Times-45 minutes
Number of questions-15

A GRAPHING CALCULATOR IS REQUIRED FOR SOME QUESTIONS ON THIS PART OF THE EXAMINATION.

Directions: Solve each of the following problems, using the available space for scratchwork. After examining the form of the choices, decide which is the best of choices given and fill in the corresponding oval on the answer sheet. No credit will be given for anything written in the test book. Do no spend too much time on any one problem.

BE SURE YOU ARE USING PAGE 3 OF THE ANSWER SHEET TO RECORD YOUR ANSWERS TO QUESTIONS NUMBERED 76-90.

YOU MAY NOT RETURN TO PAGE 2 OF THE ANSWER SHEET.

In this test:

(1) The exact numerical value of the correct does not always appear among the choices given. When this happens, select from among the choices the number that best approximates the exact numerical value.

(2) Unless otherwise specified, the domain of a function f is assumed to be the set of all real numbers x for which $f(x)$ is real number.

(3) The inverse of a trigonometric function f may be indicated using the inverse function notation f^{-1} or with the prefix "arc" (e.g, $\sin^{-1}x = \arcsin x$)

76. $\int_3^\infty \frac{x}{(1+x^2)^2}\,dx$ is

(A) $-\dfrac{1}{2}$

(B) $-\dfrac{1}{10}$

(C) $\dfrac{1}{12}$

(D) $\dfrac{1}{20}$

77. If $\lim\limits_{x \to 2} f(x) = 3$, which of the following must be true?

I. $\lim\limits_{x \to 2^-} f(x) = \lim\limits_{x \to 2^+} f(x)$

II. f is continuous at $x = 2$

III. $f(2) = 3$

(A) I only
(B) I and II only
(C) I and III only
(D) II and III only

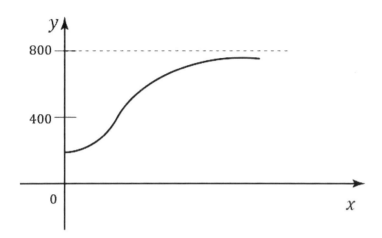

78. Which of the following differential equations for a population P could model the logistic growth shown in the figure above?

(A) $\dfrac{dP}{dt} = P(400 - P)$

(B) $\dfrac{dP}{dt} = P\left(1 - \dfrac{P}{100}\right)$

(C) $\dfrac{dP}{dt} = P(2 - P)$

(D) $\dfrac{dP}{dt} = P\left(2 - \dfrac{P}{400}\right)$

79. If $\int_{1}^{7} f(x)dx = 8$ and $\int_{7}^{2} f(x)dx = 5$, then $\int_{1}^{2} f(x)dx =$

(A) -3

(B) 0

(C) 3

(D) 13

80. Andy who is 1.8 meters tall walks directly away from a streetlight that is 5.4 meters above the ground. If Andy is walking at a constant rate and his shadow is lengthening at the rate of 0.5 meters per second, at what rate, in meters per second, is Andy walking?

(A) 1.0

(B) 1.2

(C) 1.6

(D) 2.4

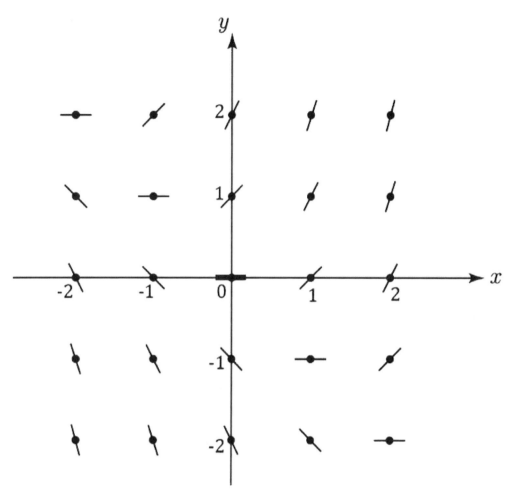

81. The slope field shown above corresponds to which of the following differential equation?

(A) $\dfrac{dy}{dx} = x + y$

(B) $\dfrac{dy}{dx} = x - y$

(C) $\dfrac{dy}{dx} = x^2 + y$

(D) $\dfrac{dy}{dx} = x + y^2$

82. What is the slope of the line tangent to the graph of $\ln(x^2y^3) = 2y$ at the point $(e, 1)$?

(A) $-\dfrac{2}{e}$

(B) $-\dfrac{1}{2}$

(C) 0

(D) $\dfrac{1}{e}$

83. The position of a particle moving in the xy-plane is given by the parametric equations $x = \dfrac{1}{3}t^3 - 2t^2 + 3t + 5$ and $y = \dfrac{1}{3}t^3 - \dfrac{7}{2}t^2 + 12t + 1$. For what values of t is the particle at rest?

(A) 1

(B) 2

(C) 3

(D) 4

84. A function f has Maclaurin's series given by $1-\tan^2x+\tan^4x-\tan^6x+\cdots$. Which of the following is an expression for $f(x)$?

(A) $\ln(1+\tan x)$

(B) $\ln(1+\tan^2x)$

(C) $\dfrac{1}{1+\tan^2x}$

(D) $\dfrac{1}{1+\tan x}$

85. $\displaystyle\int x\sec^2x\,dx=$

(A) $\tan x-\ln|\sec x|+C$

(B) $x\tan x-\ln|\sec x|+C$

(C) $x\sec^2x-\ln|\sec x|+C$

(D) $x\tan x-\ln|\cos x|+C$

86. A function f has Maclaurin series given by $-\dfrac{x^5}{3}+\dfrac{x^7}{5}-\dfrac{x^9}{7}+\cdots$. Which of the following is an expression for $f(x)$?

(A) $x^2\cos x - 1$

(B) $x^2\tan^{-1}x - x^3$

(C) $e^x + \sin x$

(D) $\dfrac{1}{2}(e^x + e^{-x})$

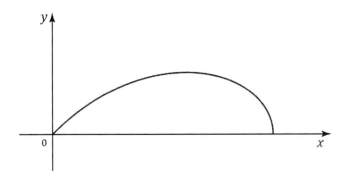

87. Which of the following gives the area of the region enclosed by the graph of the polar curve $r = 2\cos 2\theta$ shown in the figure above?

(A) $2\displaystyle\int_0^{\frac{\pi}{2}}\cos^2 2\theta\, d\theta$

(B) $\displaystyle\int_0^{\frac{\pi}{4}}\cos^2 2\theta\, d\theta$

(C) $2\displaystyle\int_0^{\frac{\pi}{4}}\cos^2 2\theta\, d\theta$

(D) $\displaystyle\int_0^{\frac{\pi}{2}}\cos^2 2\theta\, d\theta$

88. The function f is defined by the power series $f(x) = \sum_{n=0}^{\infty} \dfrac{(-1)^n \cdot x^{2n}}{(n+2)!}$ for all real numbers x.

Which of the following must be true?

(A) Function f has inflection point at $x = 0$.

(B) Function f has relative maximum at $x = 0$.

(C) Interval of convergence of function f is $-2 \le x < 2$.

(D) Radius of convergence of function f is 1.

89. The length of the arc of $y = f(x)$ from $x = 2$ to $x = 5$ is given by $\int_2^5 \sqrt{1+25x^6}\,dx$. What is the equation of the graph of $y = f(x)$ if $f(0) = 1$?

(A) $y = \dfrac{1}{4}x^4 + 1$

(B) $y = 4x^4 + 1$

(C) $y = \dfrac{5}{4}x^4$

(D) $y = \dfrac{5}{4}x^4 + 1$

90. The Taylor series about $x=0$ for a certain function f converges to $f(x)$ for all x in the interval of convergence. The nth derivative of f at $x=0$ is given by $f^{(n)}(0) = \dfrac{(n+1)!}{3^n n^2}$ for $n \geq 0$. What is the radius of convergence of the Taylor series for f about $x=0$?

(A) $\dfrac{1}{2}$

(B) 1

(C) $\dfrac{3}{2}$

(D) 3

AP Calculus BC Practice Test 3
❯ Answer Key

Part A

1. (A)	6. (A)	11. (A)	16. (D)	21. (A)	26. (C)
2. (B)	7. (A)	12. (D)	17. (D)	22. (B)	27. (D)
3. (D)	8. (D)	13. (D)	18. (B)	23. (B)	28. (D)
4. (D)	9. (B)	14. (C)	19. (D)	24. (A)	29. (B)
5. (A)	10. (A)	15. (A)	20. (B)	25. (D)	30. (A)

Part B

76. (D)	79. (D)	82. (A)	85. (B)	88. (B)
77. (A)	80. (A)	83. (C)	86. (B)	89. (D)
78. (D)	81. (A)	84. (C)	87. (C)	90. (D)

PART A

1. (A)

$$\lim_{x \to \infty} \frac{\frac{1}{3} \times 3^x + 1}{3 \times 3^x + 1} = \lim_{x \to \infty} \frac{\frac{1}{3} + \frac{1}{3^x}}{3 + \frac{1}{3^x}} = \lim_{x \to \infty} \frac{\frac{1}{3} + \frac{1}{\infty}}{3 + \frac{1}{\infty}} = \frac{\frac{1}{3}}{3} = \frac{1}{9}$$

2. (B)

$$\int \frac{1}{x} \ln x \, dx \Rightarrow \ln x = u, \frac{1}{x} = \frac{du}{dx} \Rightarrow \int \frac{1}{x} u x \, du = \int u \, du$$

$$\Rightarrow \frac{1}{2} u^2 + C \Rightarrow \frac{1}{2} (\ln x)^2 + C$$

3. (D)

$$\frac{d^2 y}{dx^2} = \frac{d}{dx} \frac{dy}{dx} = \frac{d}{dx} (\sqrt{3 + x^2}) = \frac{d}{dx} (3 + x^2)^{\frac{1}{2}} = \frac{1}{2} (3 + x^2)^{\frac{1}{2} - 1} \cdot 2x$$

$$\Rightarrow \frac{x}{\sqrt{3 + x^2}}$$

4. (D)

$$3x = u \Rightarrow 3 = \frac{du}{dx}$$

$$\Rightarrow \frac{1}{3} \int \sin u \, du = -\frac{1}{3} \cos u + C = -\frac{1}{3} \cos(3x) + C$$

5. (A)

$$\lim_{x \to 1-} \frac{-(x-1)}{(x-1)(x-2)} = \lim_{x \to 1-} \frac{-1}{x-2} = 1$$

$$\lim_{x \to 1+} \frac{(x-1)}{(x-1)(x-2)} = \lim_{x \to 1+} \frac{1}{x-2} = -1$$

$$\lim_{x \to 1-} \frac{|x-1|}{x^2 - 3x + 2} \neq \lim_{x \to 1+} \frac{|x-1|}{x^2 - 3x + 2}, \text{ therefore } \lim_{x \to 1} \frac{|x-1|}{x^2 - 3x + 2} \text{ is nonexisent.}$$

6. (A)

I. $\lim\limits_{x \to -1-0} \dfrac{x^2 + 3x + 2}{x + 1} = \lim\limits_{x \to -1+0} \dfrac{x^2 + 3x + 2}{x + 1} = 1$

II. $\lim\limits_{x \to -1} \dfrac{x^2 + 3x + 2}{x + 1} = 1 \neq f(-1) = 2$

III. Function f is discontinuous at $x = -1 \Rightarrow$ not differentiable at $x = -1$

7. (A)

Velocity $= \displaystyle\int 2dt = 2t + C, \ C = -4. \ (\because V(1) = -2)$

Velocity $v(t) = 2t - 4$

Position $P(2) = P(0) + \displaystyle\int_0^2 (2t - 4)dt = -3$

8. (D)

$$x^2 + 2x + 5 = u \Rightarrow 2(x+1) = \frac{du}{dx}$$

$$\Rightarrow \int \frac{x+1}{u} \times \frac{1}{2(x+1)} du = \frac{1}{2} \int \frac{1}{u} du$$

$$= \frac{1}{2} \ln|x^2 + 2x + 5| + C$$

9. (B)

$f'(x) = e^{\tan(2x)}(\tan 2x)' \Rightarrow 2\sec^2(2x)e^{\tan(2x)}$

10. (A)

Critical Value

(1) $x-values$ that $f'(x)=0$

(2) $x-values$ that $f'(x)$ is undefined

$f'(x) = \dfrac{1}{3\sqrt[3]{(x-2)^2}} \Rightarrow f'(2)$ is undefined.

Therefore, $x=2$

11. (A)

For the problem that asks for $f'(x)$ when the table and the condition that it is differentiable is given, use Mean Value Theorem!

$f'(2) = \dfrac{7-5}{2.2-1.8} = 5$

12. (D)

$\sec^2(xy)(x'y + xy') = 2 \Rightarrow y' = \dfrac{dy}{dx} = \dfrac{2}{x\sec^2(xy)} - \dfrac{y}{x} = \dfrac{2\cos^2(xy)-y}{x}$

13. (D)

I. In the interval where f' is increasing, f is concave up, and in the interval where f' is positive, f is increasing. Therefore, True.

II. Since $f'(-1)$ and $f'(1)$ exist, f is differentiable at $x=-1$ and $x=1$. Therefore, false.

III. Local minimum is where f' changes from negative to positive. Therefore, true.

14. (C)

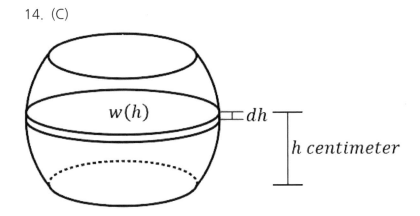

In the figure above,

$$V = \int_0^{15} (e^{2h} + h)dh = [\frac{1}{2}e^{2h} + \frac{1}{2}h^2]_0^{15}$$

$$= \frac{1}{2}e^{30} + \frac{225}{2} - \frac{1}{2}$$

$$= \frac{1}{2}e^{30} + \frac{224}{2} = \frac{1}{2}e^{30} + 112$$

15. (A)

$f'(x) = 2x, \ g'(x) = 2\cos(2x)$

$(f \circ g)' = f'(g(x))g'(x) = 2 \times 2\sin(2x)\cos(2x) = 2\sin(4x) \ (※ \ \sin 2x = 2\sin x \cos x)$

16. (D)
Graph like below, can be drawn.

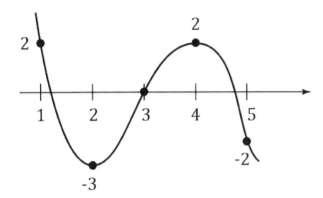

Graph of f'

Function f is a polynomial function, therefore it is always continuous.
Also, f' satisfies $f'(1)>0$ and $f'(2)<0$, therefore within the interval of $(1, 2)$, at least at one point, does f' changes from positive to negative.
Therefore, at least 1 local maximum is in interval $(1, 2)$.
(C) Graph like below, can be drawn.

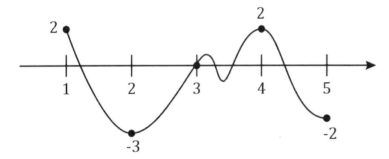

Therefore, f can be decreasing on the interval $(3, 4)$. Thus, (C) is false.

17. (D)
Horizontal Asymptote

① $\lim\limits_{x \to +\infty} \dfrac{2+3^{x+1}}{2-3^x} = \lim\limits_{x \to \infty} \dfrac{2+3 \cdot 3^x}{2-3^x} = \lim\limits_{x \to \infty} \dfrac{\dfrac{2}{3^x}+3}{\dfrac{2}{3^x}-1} = -3$

② $\lim\limits_{x \to -\infty} \dfrac{2+3^{x+1}}{2-3^x} = \dfrac{2+3^{-\infty}}{2-3^{-\infty}} = 1$

Therefore, horizontal asymptote is $y=-3$ and $y=1$.

18. (B)

$$f(t) = \sec t, \quad \frac{d}{dx}\int_{1}^{x^2} f(t)dt \Rightarrow \frac{d}{dx}(F(x^2) - F(1))$$

$$\Rightarrow 2xf(x^2) = 2x\sec x^2$$

19. (D)

$$\frac{dy}{dx} = x - 2 \Rightarrow \int dy = \int (x-2)dx \Rightarrow y = \frac{1}{2}x^2 - 2x + C, \ C = 0$$

$$\therefore y = \frac{1}{2}x^2 - 2x$$

20. (B)

$f''(x) = x^2(x-1)^3(x-4)^4$ is drawn as below.

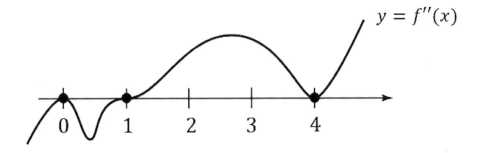

Graph of f''

Like the figure above, sign change of f'' is at $x = 1$.
Therefore, function f has inflection point at $x = 1$.

21. (A)

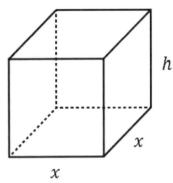

In the figure above, Volume is x^2h, and surface area satisfies $x^2 + 4xh = 24$.

Since $h = \dfrac{24 - x^2}{4x}$,

Volume $= x^2 \cdot \dfrac{24 - x^2}{4x} = \dfrac{24x - x^3}{4} = 6x - \dfrac{1}{4}x^3$

Since $x > 0$ and $h > 0$, $h = \dfrac{24 - x^2}{4x} > 0 \Rightarrow 0 < x < 2\sqrt{6}$.

Let the volume as $V(x)$, then the graph of $V(x)$ is as below.

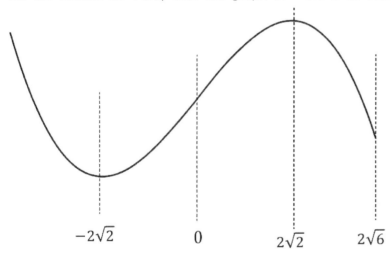

$$Graph\ of\ V(x)$$

From $V'(x) = 6 - \dfrac{3}{4}x^2 = 0$, $x = \pm 2\sqrt{2}$

Therefore, at $x = 2\sqrt{2}$, the volume would be maximum.

$h = \dfrac{24 - 8}{4 \cdot 2\sqrt{2}} = \dfrac{16}{8\sqrt{2}} = \dfrac{2}{\sqrt{2}} = \sqrt{2}$.

Therefore, when $2\sqrt{2} \times 2\sqrt{2} \times \sqrt{2}$, the box would have the maximum volume.

22. (B)

$$\tan^{-1}x = x - \frac{1}{3}x^3 + \frac{1}{5}x^5 - \frac{1}{7}x^7 + \cdots$$

$$\Rightarrow (\tan^{-1}x)' = \frac{1}{1+x^2} = 1 - x^2 + x^4 - x^6 + \cdots$$

$$\frac{2x}{1+x^2} = 2x - 2x^3 + 2x^5 - 2x^7 + \cdots$$

$\therefore$ The coefficient of x^5 is 2.

23. (B)

I. Ratio Test

$$\lim_{n\to\infty} \frac{\frac{(n+1)!}{e^n \cdot e}}{\frac{n!}{e^n}} \Rightarrow \lim_{n\to\infty} \frac{n+1}{e} = \infty > 1 \quad \therefore \text{Diverge}$$

II. The Direct Comparison Test

$$\sum_{n=1}^{\infty} \frac{1}{n^2+1} < \sum_{n=1}^{\infty} \frac{1}{n^2} \Rightarrow \sum_{n=1}^{\infty} \frac{1}{n^2} \text{ is converge.}$$

$$\therefore \sum_{n=1}^{\infty} \frac{1}{n^2+1} \text{ is converge.}$$

III. The nth term Test

$$\lim_{n\to\infty} \frac{n}{3n-1} = \frac{1}{3} \neq 0 \quad \therefore \text{Diverge}$$

24. (A)

$$\text{Slope} = \frac{dy}{dx} = \frac{\frac{dy}{dt}}{\frac{dx}{dt}} = \frac{3}{2t-4}$$

$x = -3 = t^2 - 4t + 1$, so $t = 2$.

$y = 7 = 3t + 1$, so $t = 2$.

When $t = 2$, the slope does not exist, so it becomes vertical line that passes $(-3, 7)$

25. (D)

I. $\displaystyle\sum_{n=1}^{\infty} \left| \frac{(-1)^n}{n^{\frac{1}{2}}} \right| = \sum_{n=1}^{\infty} \frac{1}{n^{\frac{1}{2}}}$ (Diverge)

$\displaystyle\sum_{n=1}^{\infty} (-1)^n \cdot \frac{1}{\sqrt{n}}$ (Converge)

$\Rightarrow$ Conditionally convergent

II. $\displaystyle\sum_{n=1}^{\infty} \left| \frac{(-1)^n}{n^3} \right| = \sum_{n=1}^{\infty} \frac{1}{n^3}$ (Converge)

$\displaystyle\sum_{n=1}^{\infty} (-1)^n \cdot \frac{1}{n^3}$ (Converge)

$\Rightarrow$ Absolutely convergent

III. $\displaystyle\sum_{n=1}^{\infty} \left| \frac{(-1)^n}{n} \right| = \sum_{n=1}^{\infty} \frac{1}{n}$ (Diverge)

$\displaystyle\sum_{n=1}^{\infty} (-1)^n \cdot \frac{1}{n}$ (Converge)

$\Rightarrow$ Conditionally convergent

26. (C)

$\ln(1+x) = x - \frac{1}{2}x^2 + \frac{1}{3}x^3 - \frac{1}{4}x^4 + \cdots$

$\Rightarrow x^2 \ln(1+x) = x^3 - \frac{1}{2}x^4 + \frac{1}{3}x^5 - \frac{1}{4}x^6 + \cdots$

$\Rightarrow x^2 \ln(1+x) - x^3 = -\frac{1}{2}x^4 + \frac{1}{3}x^5 - \frac{1}{4}x^6 + \cdots$

27. (D)

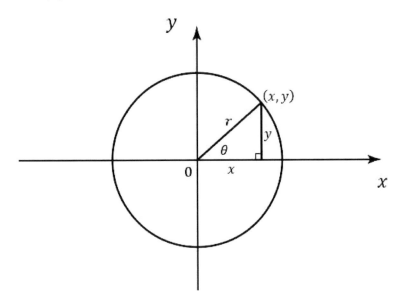

$\Rightarrow y = r\sin\theta = \theta\sin\theta$, $x = r\cos\theta = \theta\cos\theta$

$\Rightarrow \dfrac{dy}{dx} = \dfrac{\dfrac{dy}{d\theta}}{\dfrac{dx}{d\theta}} = \dfrac{\sin\theta + \theta\cos\theta}{\cos\theta - \theta\sin\theta}$

$\Rightarrow \theta = \pi \Rightarrow \dfrac{-\pi}{-1} = \pi$

28. (D)

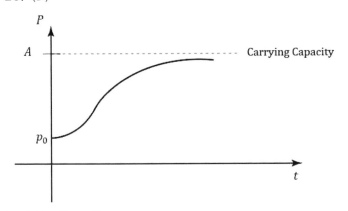

Logistic Growth

$\Rightarrow \lim_{t\to\infty} P = A, \quad \lim_{t\to\infty}\dfrac{dP}{dt} = 0$

$\Rightarrow \lim_{t\to\infty}\dfrac{dP}{dt} = 0 \Rightarrow \lim_{t\to\infty} P\left(3 - \dfrac{P}{1000}\right) = 0 \Rightarrow \lim_{t\to\infty} P = A = 3000 \ \left(\because \lim_{t\to\infty} P \neq 0\right)$

29. (B)

The graph that satisfies the equation of $f'(2)=-1, f''(2)>0$ will be the graph that f is Decreasing as well as Concave Up. Let's look at the pictures shown below.

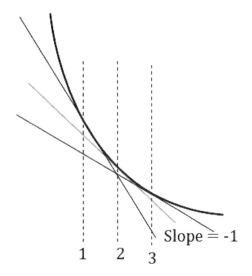

Slope = -1

1   2   3

Therefore the slope between 1 and 2 has to be lower than -1 and the slope between 2 and 3 has to be bigger than -1. Therefore the possible answer from below will be (B).

30. (A)

$$f(x) = f(1) + f'(1)(x-1) + \frac{f''(1)}{2!}(x-1)^2 + \frac{f'''(1)}{3!}(x-1)^3 + \cdots$$

$$f(1) = 1$$

$$f'(1) = -\frac{1}{2}$$

$$f''(1) = \frac{1}{2}$$

$$f'''(1) = -\frac{3}{4}$$

$\cdots$

$$\therefore f(x) = 1 - \frac{1}{2}(x-1) + \frac{1}{4}(x-1)^2 - \frac{1}{8}(x-1)^3 + \cdots$$

PART B

76. (D)

$$1 + x^2 = u \Rightarrow 2x = \frac{du}{dx}$$

$$\Rightarrow \int_{10}^{\infty} \frac{x}{u^2} \times \frac{1}{2x} du = \frac{1}{2} \int_{10}^{\infty} u^{-2} du$$

$$\Rightarrow \frac{1}{2} [-\frac{1}{u}]_{10}^{\infty} = \frac{1}{2} (-\frac{1}{\infty} + \frac{1}{10}) = \frac{1}{20}$$

77. (A)

$\lim\limits_{x \to 2} f(x) = 3$ means that $\lim\limits_{x \to 2-} f(x) = \lim\limits_{x \to 2+} f(x)$.

Case as follows can be made :

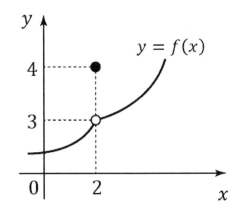

$\Rightarrow$ · $\lim\limits_{x \to 2-} f(x) = \lim\limits_{x \to 2+} f(x) = 3$

· f is discontinuous at $x = 2$.

· $f(2) = 4$

78. (D)

When $P = 800$, find the equation that can be $\dfrac{dP}{dt} = 0$.

79. (D)

$$\int_1^7 f(x)dx + \int_7^2 f(x)dx = \int_1^2 f(x)dx = 13$$

80. (A)

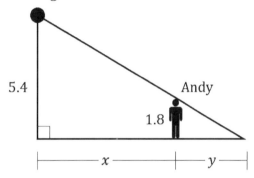

Streetlight

5.4   Andy

1.8

x   y

• Topic we should obtain from the figure above is $\dfrac{dx}{dt}$

• From $1.8 : 5.4 = y : x + y$, $5.4y = 1.8x + 1.8y$

⟹ since $3.6y = 1.8x$, $2y = x$.

⟹ From $2\dfrac{dy}{dt} = \dfrac{dx}{dt}$, $\dfrac{dy}{dt} = 0.5$. We obtain $\dfrac{dx}{dt} = 1$.

81. (A)

Among choices given, substitute $(2, -2)$ and $(1, -1)$ and find that has 0 as a slope, then the answer is (A).

82. (A)

$$\frac{1}{x^2y^3}(x^2y^3)' = (2y)' \Rightarrow \frac{1}{x^2y^3}(2xy^3 + 3x^2y^2\frac{dy}{dx}) = 2\frac{dy}{dx}$$

$$\Rightarrow x = e, y = 1 \Rightarrow \frac{dy}{dx} = -\frac{2}{e}$$

83. (C)

$Velocity_x = t^2 - 4t + 3 = 0 \Rightarrow t = 1, 3$

$Velocity_y = t^2 - 7t + 12 = 0 \Rightarrow t = 3, 4$

Thus, $t = 3$.

84. (C)

$\tan^{-1}x = x - \dfrac{1}{3}x^3 + \dfrac{1}{5}x^5 - \dfrac{1}{7}x^7 + \cdots$

$\Rightarrow (\tan^{-1}x)' = \dfrac{1}{1+x^2} = 1 - x^2 + x^4 - x^6 + \cdots$

$\Rightarrow (x = \tan x) \Rightarrow 1 - \tan^2 x + \tan^4 x - \tan^6 x + \cdots$

85. (B)

$\displaystyle\int x\sec^2 x\,dx = x\tan x - \int \tan x\,dx$

$\displaystyle\int \tan x\,dx = \ln|\sec x| + C$

$\therefore \displaystyle\int x\sec^2 x\,dx = x\tan x - \ln|\sec x| + C$

86. (B)

$\tan^{-1}x = x - \dfrac{1}{3}x^3 + \dfrac{1}{5}x^5 - \dfrac{1}{7}x^7 + \cdots$

$\Rightarrow x^2\tan^{-1}x = x^3 - \dfrac{1}{3}x^5 + \dfrac{1}{5}x^7 - \dfrac{1}{7}x^9 + \cdots$

$\Rightarrow x^2\tan^{-1}x - x^3 = -\dfrac{1}{3}x^5 + \dfrac{1}{5}x^7 - \dfrac{1}{7}x^9 + \cdots$

87. (C)

$\displaystyle\int_0^{\frac{\pi}{4}} \dfrac{1}{2}r^2\,d\theta \Rightarrow \int_0^{\frac{\pi}{4}} \dfrac{1}{2}(2\cos 2\theta)^2\,d\theta$ ($※\ r = 0 \Rightarrow \cos 2\theta = 0 \Rightarrow \theta = \dfrac{\pi}{4}$)

Therefore, $2\displaystyle\int_0^{\frac{\pi}{4}} \cos^2 2\theta\,d\theta$

88. (B)

$$f(x) = \sum_{n=0}^{\infty} \frac{(-1)^n \cdot x^{2n}}{(n+2)!} = \frac{1}{2} - \frac{x^2}{6} + \frac{x^4}{24} - \frac{x^6}{120} + \cdots + \frac{(-1)^n \cdot x^{2n}}{(n+2)!} + \cdots$$

Therefore, from $f'(x) = -\frac{1}{3}x + \frac{1}{6}x^3 - \frac{1}{20}x^5 + \cdots$, $f'(0) = 0$.

From $f''(x) = -\frac{1}{3} + \frac{1}{2}x^2 - \frac{1}{4}x^4 + \cdots$, $f''(0) = -\frac{1}{3} < 0$.

Therefore, function f has relative maximum at $x = 0$.

(A) Sign change of $f''(x)$ does not occur in $x = 0$, so function f does not have inflection point at $x = 0$.

(C) (D) From $\displaystyle\lim_{n \to \infty} \left| \frac{\dfrac{(-1)^{n+1} \cdot x^{2n+2}}{(n+3)!}}{\dfrac{(-1)^n \cdot x^{2n}}{(n+2)!}} \right| < 1$, it is $\displaystyle\lim_{n \to \infty} \left| \frac{-x^2}{n+3} \right| = 0 < 1$, so interval of convergence of

$f(x)$ is all real x. Therefore, the radius of convergence is not 1.

89. (D)

Arc Length $= \displaystyle\int_a^b \sqrt{1 + \left(\frac{dy}{dx}\right)^2}\, dx \implies \frac{dy}{dx} = 5x^3$

$\implies \displaystyle\int dy = \int 5x^3\, dx \implies y = \frac{5}{4}x^4 + C,\ C = 1$

$\therefore\ y = \frac{5}{4}x^4 + 1$

90. (D)

$$a_n = \frac{\dfrac{(n+1)!}{3^n n^2}}{n!} = \frac{(n+1)!}{3^n n^2 n!} \implies \lim_{n \to \infty} \left| \frac{\dfrac{(n+2)! \times x^n \times x}{3^n \times 3 \times (n+1)^2 \times (n+1)!}}{\dfrac{(n+1)! \times x^n}{3^n \times n^2 \times n!}} \right| < 1$$

$\implies \displaystyle\lim_{n \to \infty} \left| \frac{n^2(n+2)x}{3(n+1)^2(n+1)} \right| < 1 \implies \left| \frac{x}{3} \right| < 1 \implies -3 < x < 3$

Therefore, the radius of convergence is $\dfrac{3 - (-3)}{2} = 3$

AP Calculus BC

Practice Test 4

CALCULUS BC
SECTION I, Part A
Time-60 minutes
Number of questions-30

A CALCULATOR MAY NOT BE USED ON THIS PART OF THE EXAMINATION.

Directions: Solve each of the following problems, using the available space for scratchwork. After examining the form of the choices, decide which is the best of the choices given and fill in the corresponding oval on the answer sheet. No credit will be given for anything written in the test book. Do not spend too much time on any one problem.

In this test:

(1) Unless otherwise specified, the domain of a function is assumed to be the set of all real numbers x for which $f(x)$ is a real number.

(B) The inverse of a trigonometric function f may be indicated using the inverse function notation f^{-1} or with the prefix "arc" (e.g., $\sin^{-1}x = \arcsin x$).

1. If $f(x) = \tan(5x)$, then $f'(x) =$

(A) $\sec(5x)$

(B) $5\sec(5x)$

(C) $5\sec^2(x)$

(D) $5\sec^2(5x)$

2. A particle moves along the x-axis so that at any time $t \geq 0$, its velocity is given by $v(t) = \cos(2t)$. If the position of the particle at time $t = \dfrac{\pi}{4}$ is $x = 1$, what is the particle's position at time $t = 0$?

(A) $-\dfrac{1}{2}$

(B) 0

(C) 1

(D) $\dfrac{1}{2}$

3. Which of the following lines is(are) asymptote(s) of the graph of $f(x) = \dfrac{x^2 - 3x - 2}{x^2 - 4}$?

I. $y = 1$

II. $x = \pm 2$

III. $x = -1$

IV. $x = -2$ and -1

(A) I only

(B) II only

(C) I and II only

(D) II and IV only

4. $\displaystyle\lim_{h \to 0} \dfrac{2(5+h)^5 - 2(5)^5}{h}$ is

(A) $f'(5)$, where $f(x) = 2x^5$

(B) $f'(5)$, where $f(x) = x^5$

(C) $f'(2)$, where $f(x) = 5x^5$

(D) $f'(2)$, where $f(x) = x^5$

5. The graph of the function $y = \dfrac{1}{3}x^3 + 3x^2 + 3$ changes concavity at $x=$

(A) -3
(B) -2
(C) 0
(D) 1

6. $\displaystyle\int_0^{\frac{\pi}{2}} \cos x\, e^{\sin x}\, dx =$

(A) e^2
(B) $e^2 - 1$
(C) $e^{\frac{\pi}{2}}$
(D) $e - 1$

7. If $\lim_{x \to 1} f(x) = 2$, which of the following must be true?

(A) f is continuous at $x = 1$.
(B) $f(1)$ exists.
(C) $f(x)$ is differentiable at $x = 1$.
(D) None of above.

8. Let f be a function that is continuous for all real numbers. The table below gives values of f for selected point in the closed interval [1, 12].

x	1	3	5	6	8	12
$f(x)$	2	10	2	-4	1	7

Use a trapezoidal sum with sub-intervals indicated by the data in the table to approximate $\int_{1}^{12} f(x)dx$.

(A) 24
(B) 28
(C) 32
(D) 36

9. The function f is twice differentiable, and the graph of f has no points of inflection. If $f(2) = 2$, $f'(2) = -1$, and $f''(2) = -3$, which of the following could be the value of $f(3)$?

(A) 4

(B) 2

(C) 1

(D) 0.5

10. If $5n^2 - 2 < n^2 \cdot a_n < 5n^2 + 1$, then $\lim_{n \to \infty} a_n$ is

(A) 0

(B) 5

(C) 10

(D) 25

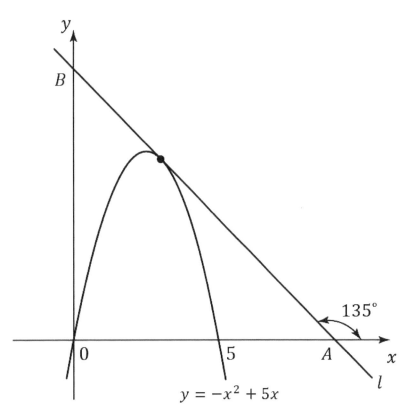

$$y = -x^2 + 5x$$

11. In the figure above, line tangent l is a line that passes through a point on $y = -x^2 + 5x$. If line l is $135°$ with the positive direction of the x−axis, what is the area of the triangle OAB enclosed by the line l, x−axis and y−axis?

(A) $\dfrac{75}{2}$

(B) 39

(C) $\dfrac{81}{2}$

(D) 45

12. If $f'(x) = \dfrac{1}{x}$ and $f(e^2) = 3$, then $f(e) =$

(A) 2

(B) $\ln 3$

(C) $\ln 9$

(D) 3

13. $\displaystyle\int_{e}^{e^3} \dfrac{\ln u}{u}\, du$

(A) 1

(B) e

(C) 3

(D) 4

313

14. If $\lim\limits_{n \to \infty} \dfrac{\sin n\theta}{n^2} = a$ and $\lim\limits_{n \to \infty} \dfrac{5\cos n\theta}{2 + n^2} = b$, then $a + b$ is

(A) $-\infty$

(B) -1

(C) 0

(D) 1

x	$f(x)$	$f'(x)$	$g(x)$	$g'(x)$
1	-2	5	-3	1
2	3	2	-2	-5
3	1	4	2	2

15. The table above gives values of f, f', g and g' at selected value of x. If $h(x) = (f \circ g)(x)$, then $h'(3) =$

(A) -4

(B) 1

(C) 4

(D) 8

16. If $f''(x) = (x-2)(x-3)^4(x-4)^2$, then the graph of $f(x)$ has inflection point(s) when $x=$

(A) 2 only

(B) 2 and 3

(C) 2 and 4

(D) 3 and 4

17. Let $f(x) = \begin{cases} \dfrac{x^2-9}{x-3} & , \text{ if } x \neq 3 \\ 5 & , \text{ if } x = 3 \end{cases}$, which of the following statements is(are) true?

I. $\lim\limits_{x \to 3} f(x)$ exist.

II. $f(3)$ exists.

III. f is continuous at $x = 3$.

(A) I only

(B) II only

(C) I and II only

(D) I, II and III

18. Polynomial function f satisfies following equation for all real number x.

$$f(x) = x^3 + x + \int_0^4 f(t)dt$$

What is the value of $f(1)$?

(A) -22

(B) -14

(C) 0

(D) 12

19. If $y = \dfrac{\ln(3x)}{x^2}$, then $\dfrac{dy}{dx} =$

(A) $\dfrac{3x + 2\ln(3x)}{x^3}$

(B) $\dfrac{\dfrac{1}{3}x - 2\ln(3x)}{x^3}$

(C) $\dfrac{3 - 2\ln(3x)}{x^3}$

(D) $\dfrac{1 - 2\ln(3x)}{x^3}$

20. If $f(x) = x^x$ and x is an acute angle, what is $f'(e)$?

(A) e^e

(B) $2e^e$

(C) e

(D) 0

21. Which of the following series converge?

I. $\sum\limits_{n=1}^{\infty} \sin^n \dfrac{\pi}{6}$

II. $\sum\limits_{n=1}^{\infty} \dfrac{4n^2 - 1}{2n^2 + n}$

III. $\sum\limits_{n=1}^{\infty} \dfrac{n}{3n+1}$

IV. $1 + \dfrac{2}{3} + \dfrac{3}{5} + \dfrac{4}{7} + \dfrac{5}{9} + \cdots$

(A) I only

(B) I and II only

(C) II and III only

(D) I, II ,and IV only

22. Which of the following series converge?

I. $\sum_{n=1}^{\infty} \dfrac{1}{n\sqrt{n}}$

II. $\sum_{n=1}^{\infty} \dfrac{n^2}{2n^2-1}$

III. $\sum_{n=1}^{\infty} \dfrac{n!}{3^n}$

(A) I only

(B) I and III only

(C) II and III only

(D) I and II only

23. Which of the following is a power series expansion for $\dfrac{x}{1+\tan x}$?

(A) $1 - \tan x + \tan^2 x - \tan^3 x + \ldots$

(B) $x^2 - x^2\tan x + x^2\tan^2 x - x^2\tan^3 x + \ldots$

(C) $\tan x - x\tan x + x\tan^2 x - x\tan^3 x + \ldots$

(D) $x - x\tan x + x\tan^2 x - x\tan^3 x + \ldots$

24. $\int e^x \cos x\, dx =$

(A) $\frac{e^x}{2}\cos x + C$

(B) $\frac{e^x}{2}\sin + C$

(C) $\frac{e^x}{2}(\sin x + \cos x) + C$

(D) $\frac{e^x}{2}(\sin x - \cos x) + C$

25. For what values of t does the curve given by the parametric equations $x = \frac{1}{3}t^3 - \frac{1}{2}t^2 + 5$ and $y = t^4 + 3t^3 + 2t^2 + 5t - 3$ have a vertical tangent?

(A) 0

(B) 0 and 1

(C) 1

(D) $-1, 0$ and 1

26. For what values of P will both series $\sum\limits_{n=1}^{\infty}\dfrac{1}{n^{4P}}$ and $\sum\limits_{n=1}^{\infty}\left(\dfrac{P}{3}\right)^{n}$ converge?

(A) $P>\dfrac{1}{4}$

(B) $P<3$

(C) $\dfrac{1}{4}<P<3$

(D) $-\dfrac{1}{3}<P<\dfrac{1}{4}$

27. $\displaystyle\int_{1}^{\infty}x^{2}\cdot e^{-5x^{3}}dx$ is

(A) $\dfrac{1}{15e^{5}}$

(B) $\dfrac{15}{e^{5}}$

(C) $15e^{5}$

(D) divergent

28. Let f be a differentiable function such that $\int f(x)e^x dx = x^3 e^x - 3x^2 e^x + \int g(x)dx$. Which of the following is $f(x)$ and $g(x)$?

(A) $f(x) = x^3$, $\quad g(x) = 6xe^x$

(B) $f(x) = x^3$, $\quad g(x) = -2xe^x$

(C) $f(x) = 3x^2$, $\quad g(x) = 6xe^x$

(D) $f(x) = 3x^2$, $\quad g(x) = -2xe^x$

29. The infinite series $\sum\limits_{k=1}^{\infty} a_k$ has nth partial sum $s_n = n^2$ for $n \geq 1$. What is the sum of the series $\sum\limits_{k=1}^{\infty} \dfrac{1}{a_k \cdot a_{k+1}}$?

(A) $\dfrac{1}{2}$

(B) 1

(C) $\dfrac{3}{2}$

(D) divergent

30. At time $t \geq 0$, an object moving along a curve in the xy-plane has position $(x(t), y(t))$ with velocity vector $v(t) = (e^{2t}, \cos(t^3))$. At $t = 1$, the object is at the point $(-2, 3)$. Which of the following is true?

(A) The total distance traveled by the object from time $t = 0$ to time $t = 1$ is

$$\int_0^1 \sqrt{4e^{4t} + 9t^4 \sin^2(t^3)} \, dt.$$

(B) The y-coordinate of the position of the object at time $t = 2$ is $y(2) = \int_0^2 \cos(t^3) dt$.

(C) There is no t that makes vertical line of position curve.

(D) At time $t = 2$, the speed of the object is $\sqrt{e^8 + \sin^2(8)}$.

CALCULUS BC
SECTION I, PART B
Time-45 minutes
Number of questions-15

A GRAPHING CALCULATOR IS REQUIRED FOR SOME QUESTIONS ON THIS PART OF THE EXAMINATION.

Directions: Solve each of the following problems, using the available space for scratchwork. After examining the form of the choices, decide which is the best of choices given and fill in the corresponding oval on the answer sheet. No credit will be given for anything written in the test book. Do no spend too much time on any one problem.

BE SURE YOU ARE USING PAGE 3 OF THE ANSWER SHEET TO RECORD YOUR ANSWERS TO QUESTIONS NUMBERED 76-90.

YOU MAY NOT RETURN TO PAGE 2 OF THE ANSWER SHEET.

In this test:

(1) The exact numerical value of the correct does not always appear among the choices given. When this happens, select from among the choices the number that best approximates the exact numerical value.

(2) Unless otherwise specified, the domain of a function f is assumed to be the set of all real numbers x for which $f(x)$ is real number.

(3) The inverse of a trigonometric function f may be indicated using the inverse function notation f^{-1} or with the prefix "arc" (e.g, $\sin^{-1}x = \arcsin x$)

76. If $\int_{0}^{2} f(x)dx = -3$ and $\int_{-1}^{0} f(x)dx = 5$, then $\int_{-1}^{2} (f(x)+2)dx=$

(A) -4
(B) -2
(C) 4
(D) 8

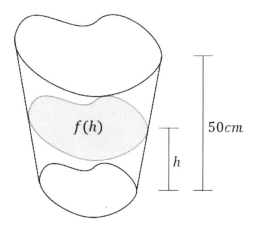

f(h)

50cm

h

77. Pour water into a 50cm tall jar as shown above. Let $f(h)$ be the surface area of the water. What is the expression of the volume of water in the jar until the height of the water from the bottom of the jar is 20cm?

(A) $f(20)$
(B) $f'(20)-f'(0)$
(C) $\int_{0}^{20} f(h)dh$
(D) $\int_{0}^{20} f'(h)dh$

78. $\int \dfrac{2x+8}{x^2-4x+3}\,dx =$

(A) $\ln\dfrac{|x-3|^7}{|x-1|^5}+C$

(B) $\ln\dfrac{|x-3|}{|x-1|}+C$

(C) $\ln|x-3|^7\cdot|x-1|^5+C$

(D) $\ln|x-3|\cdot|x-1|+C$

79. When the region enclosed by the graphs of $y=x$ and $y=5x-x^2$ is revolved about the y-axis, the volume of the solid generated is given by

(A) $2\pi\displaystyle\int_0^4 (4x-x^2)\,dx$

(B) $\pi\displaystyle\int_0^4 (4x-x^2)\,dx$

(C) $2\pi\displaystyle\int_0^4 (4x^2-x^3)\,dx$

(D) $\pi\displaystyle\int_0^4 (4x^2-x^3)\,dx$

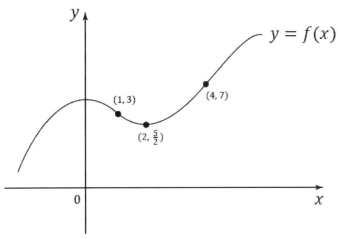

80. The graph above is the graph of $y = f(x)$ which is a differentiable function. $g(x) = \dfrac{d}{dx}\displaystyle\int_0^{x^2} f(t)dt$, then what is the value of $g(1)$?

(A) 3

(B) $\dfrac{5}{2}$

(C) 6

(D) 7

81. The base of a solid is the region bounded by $y = e^x$, $x = 1$, $x = 3$ and x-axis. Each cross section perpendicular to the x-axis is a square. What is the volume of solid?

(A) 52.31

(B) 88.35

(C) 126.21

(D) 198.02

x	1	2	3	4	5	6
$f(x)$	5	1	-1	0	-3	5

82. The function f is continuous and differentiable on the close interval $[1,6]$. The table above gives selected values of f on this interval. Which of the following statements must be true?
(A) f have three inflection points.
(B) The maximum value of f on $[1,6]$ is 5.
(C) There is a number of c in the open interval $(1,6)$ such that $f'(c)=0$.
(D) $f(x)>0$ for $1<x<2$.

83. What is the interval of convergence of the Power series $\sum_{n=1}^{\infty} \dfrac{(x-1)^n}{n \cdot 3^n}$?

(A) $-2 \le x < 4$
(B) $-2 < x \le 4$
(C) $1 \le x < 4$
(D) $1 < x \le 4$

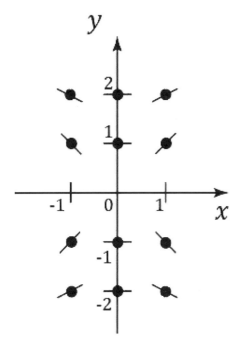

84. Shown above is the slope field for which of the following differential equations?

(A) $\dfrac{dy}{dx} = xy$

(B) $\dfrac{dy}{dx} = x - y$

(C) $\dfrac{dy}{dx} = \dfrac{y}{x}$

(D) $\dfrac{dy}{dx} = \dfrac{x}{y}$

85. Which of the following series are Absolutely convergent?

I. $\sum_{n=1}^{\infty} \frac{(-1)^{n+1}}{n\sqrt{n}}$ II. $\sum_{n=1}^{\infty} (-1)^n \frac{n}{n^2 + 2n}$ III. $\sum_{n=1}^{\infty} \frac{(-1)^n}{3^n}$

(A) I only

(B) II only

(C) I and II only

(D) I and III only

86. $\dfrac{d}{dx} \displaystyle\int_0^x \sin(5t)\,dt =$

(A) $\sin(5x)$

(B) $5\sin(5x)$

(C) $\cos(5x)$

(D) $\dfrac{1}{5}\sin(5x)$

87. If g is the inverse function of f and if $f(x)=-x^3$, then $g'(1)=$

(A) $-\dfrac{1}{3}$

(B) -3

(C) 1

(D) $\dfrac{1}{3}$

88. What is the line tangent equation to the polar curve $r=\theta^2$ at the point $\theta=\dfrac{\pi}{2}$?

(A) $y=-\dfrac{\pi}{4}x+\dfrac{4}{\pi}$

(B) $y=-\dfrac{4}{\pi}x+\dfrac{\pi^2}{4}$

(C) $y=-\dfrac{4}{\pi}x$

(D) $y=-\dfrac{\pi}{4}x+\dfrac{4}{\pi^2}$

89. At time $t=0$, pizza with temperature $95\,^\circ$C was removed from an oven. The temperature of the pizza at time t is modeled by a differentiable function P for which it is known that $\dfrac{dP}{dt}=-7.4e^{-0.13t}$. What is the temperature of the pizza at time $t=10$?

(A) 37.25

(B) 41.41

(C) 53.59

(D) 60.32

90. Function $f(x)=2xe^{ax+b}$ satisfies $f'(0)=1$ and $f''(0)=2$. What is the value of $a+b$?

(A) 1

(B) 2

(C) $1+\ln\dfrac{1}{2}$

(D) $2+\ln 2$

AP Calculus BC Practice Test 4
❯ Answer Key

Part A

1. (D)	6. (D)	11. (C)	16. (A)	21. (A)	26. (C)
2. (D)	7. (D)	12. (A)	17. (C)	22. (A)	27. (A)
3. (C)	8. (D)	13. (D)	18. (A)	23. (D)	28. (A)
4. (A)	9. (D)	14. (C)	19. (D)	24. (C)	29. (A)
5. (A)	10. (B)	15. (C)	20. (B)	25. (B)	30. (C)

Part B

76. (D)	79. (C)	82. (C)	85. (D)	88. (B)
77. (C)	80. (C)	83. (A)	86. (A)	89. (C)
78. (A)	81. (D)	84. (D)	87. (A)	90. (C)

PART A

1. (D)

$f'(x) = 5\sec^2(5x)$

2. (D)

When the Position from $t = 0$ is $x(0)$,

$$x(0) = x\left(\frac{\pi}{4}\right) + \int_{\frac{\pi}{4}}^{0} \cos(2t)dt = x\left(\frac{\pi}{4}\right) - \int_{0}^{\frac{\pi}{4}} \cos(2t)dt$$

$$\Rightarrow 2t = u, \ 2 = \frac{du}{dt}$$

$$\Rightarrow 1 - \frac{1}{2}\int_{0}^{\frac{\pi}{2}} \cos u \, du$$

$$= 1 - \frac{1}{2}[\sin u]_{0}^{\frac{\pi}{2}} = 1 - \frac{1}{2} = \frac{1}{2}$$

3. (C)

Horizontal line: $\lim_{x \to \pm\infty} f(x) = 1 \Rightarrow y = 1$

Vertical line: $x^2 - 4 = 0 \Rightarrow x = \pm 2$

4. (A)

Since $\lim_{h \to 0} \dfrac{f(x+h) - f(x)}{h} = f'(x)$, $x = 5$ and $f(x) = 2x^5$.

Therefore, when $f(x) = 2x^5$, $f'(5)$.

5. (A)

......changes concavity........ = Inflection Point

Find the point where y' changes from increasing to decreasing, or from decreasing to increasing, or

find the point where the sign change of y'' happens.

$\Rightarrow y' = x^2 + 6x$

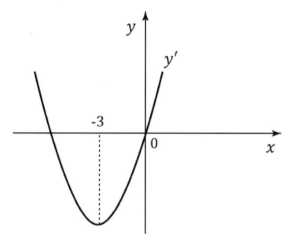

$\Rightarrow y'' = 2x + 6$

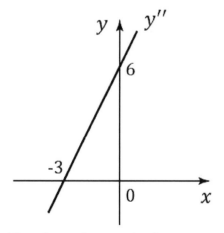

Therefore, the graph changes concavity at $x = -3$.

6. (D)

$\sin x = u \Rightarrow \cos x = \dfrac{du}{dx}$

$\Rightarrow \displaystyle\int_0^1 \cos x \, e^u \, \dfrac{1}{\cos x} du = \int_0^1 e^u \, du = [e^u]_0^1 = e - 1$

7. (D)

$\lim\limits_{x \to 1} f(x) = 2$ means that $\lim\limits_{x \to 1} f(x)$ exists. Graph of $y = f(x)$ that $\lim\limits_{x \to 1} f(x)$ exists can be as follows.

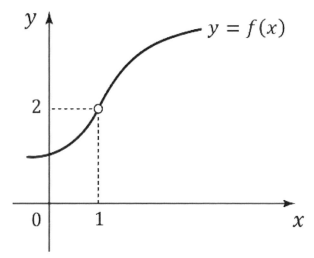

That is, even though $\lim\limits_{x \to 1-} f(x) = \lim\limits_{x \to 1+} f(x) = 2$, $f(1)$ can exist or not like in the figure above, and can be discontinuous and not differentiable at $x = 1$.

8. (D)

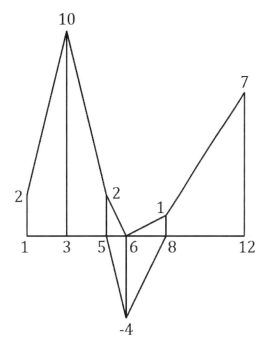

$$T = \frac{1}{2}[(2+10) \times 2 + (10+2) \times 2 + (2-4) + (-4+1) \times 2 + (1+7) \times 4] = 36$$

9. (D)

- $f'(2) = -1 < 0 \Rightarrow$ Decreasing!
- $f''(2) = -3 < 0 \Rightarrow$ Concave Down!
- "... has no points of inflection..." $\Rightarrow$ concavity doesn't change!

Situation given can be drawn as follows.

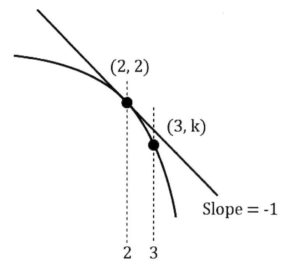

Using Mean Value Theorem, $f'(2.5) = \dfrac{k-2}{3-2} < -1$ should be satisfied.

10. (B)

Divide both sides with n^2 and $\lim\limits_{n \to \infty}$, then

From $\lim\limits_{n \to \infty} \dfrac{5n^2 - 2}{n^2} \leq \lim\limits_{n \to \infty} a_n \leq \lim\limits_{n \to \infty} \dfrac{5n^2 + 1}{n^2}$, $5 \leq \lim\limits_{n \to \infty} a_n \leq 5$, therefore $\lim\limits_{n \to \infty} a_n = 5$.

※ Both $\lim\limits_{n \to \infty} \dfrac{5n^2 - 2}{n^2} = 5$ and $\lim\limits_{n \to \infty} \dfrac{5n^2 + 1}{n^2} = 5$ are not exact values, just approximation,

therefore $\lim\limits_{n \to \infty} a_n = 5$ is held.

11. (C)

Slope of line $\ell = \tan 135° = -1$, therefore from $y' = -2x + 5 = -1$,

$x = 3$ and $y = -3^2 + 5 \cdot 3 = 6$.

Therefore, equation of line tangent ℓ is which has -1 as a slope and passes point $(3, 6)$.

Therefore, from $y - 6 = -(x - 3)$, $y = -x + 9$, therefore $A(9, 0)$ and $B(0, 9)$.

Therefore, area of $\triangle OAB$ is $\dfrac{1}{2} \cdot 9 \cdot 9 = \dfrac{81}{2}$.

12. (A)

$f(x) = \displaystyle\int \frac{1}{x} dx = \ln|x| + C \Rightarrow 3 = \ln e^2 + C, \ C = 1$

$f(x) = \ln|x| + 1 \Rightarrow f(e) = 2$

13. (D)

$\ln u = x, \ \dfrac{1}{u} = \dfrac{dx}{du}$

$\displaystyle\int_1^3 x \times \frac{1}{u} \times u\, dx = \int_1^3 x\, dx = [\frac{1}{2}x^2]_1^3 = 4$

14. (C)

From $\displaystyle\lim_{n \to \infty} \frac{\sin n\theta}{n^2}$, $\displaystyle\lim_{n \to \infty} \frac{-1 \sim 1}{n^2} = 0 = a$

From $\displaystyle\lim_{n \to \infty} \frac{5\cos n\theta}{2 + n^2}$, $\displaystyle\lim_{n \to \infty} \frac{-5 \sim 5}{n^2 + 2} = 0 = b$

$\therefore \ a + b = 0$

15. (C)

$h'(x) = f'(g(x)) \times g'(x) \Rightarrow h'(3) = f'(g(3)) \times g'(3) = 2 \times 2 = 4$

16. (A)

$f''(x) = 0$ and f'' changes sign at $x = 2$

(※ Inflection point is where sign change of f'' happens.)

17. (C)

I. $\lim\limits_{x \to 3-} f(x) = \lim\limits_{x \to 3+} f(x) = 6$

II. $f(3) = 5$, Therefore, $f(3)$ exist.

III. $\lim\limits_{x \to 3} \dfrac{x^2 - 9}{x - 3} = 6 \neq f(3)$. Therefore, f is discontinuous at $x = 3$.

18. (A)

Since $\displaystyle\int_0^4 f(t)dt$ is a constant, let $\displaystyle\int_0^4 f(t)dt = C$, then $f(x) = x^3 + x + C$.

From $C = \displaystyle\int_0^4 (x^3 + x + C)dx$, $C = \left[\dfrac{1}{4}x^4 + \dfrac{1}{2}x^2 + Cx \right]_0^4 = \dfrac{1}{4} \cdot 4^4 + \dfrac{1}{2} \cdot 4^2 + 4C$.

From $C = 4^3 + 8 + 4C$, $-3C = 72$, therefore $C = -24$.

Therefore, $f(x) = x^2 + x - 24$, $f(1) = -22$.

19. (D)

$$\frac{dy}{dx} = \frac{\dfrac{3}{3x} \times x^2 - \ln(3x) \times 2x}{x^4} = \frac{1 - 2\ln(3x)}{x^3}$$

20. (B)

Put ln on both sides, then from $\ln f(x) = x \ln x$, $\dfrac{f'(x)}{f(x)} = \ln x + x \cdot \dfrac{1}{x}$

$\Rightarrow f'(x) = f(x)\{\ln x + 1\}$, therefore $f'(x) = x^x(\ln x + 1)$.

Therefore, $f'(e) = 2e^e$

21. (A)

I. $\displaystyle\sum_{n=1}^{\infty} \left(\frac{1}{2}\right)^n \Rightarrow -1 < r < 1 \therefore$ Converge! (Geometric Series)

II. $\displaystyle\lim_{n \to \infty} \frac{4n^2 - 1}{2n^2 + n} = 2 \neq 0 \therefore$ Diverge! (The nth term test)

III. $\displaystyle\lim_{n \to \infty} \frac{n}{3n + 1} = \frac{1}{3} \neq 0 \therefore$ Diverge! (The nth term test)

IV. $\displaystyle\lim_{n \to \infty} \frac{n}{2n - 1} = \frac{1}{2} \neq 0 \therefore$ Diverge! (The nth term test)

22. (A)

I. $\displaystyle\sum_{n=1}^{\infty} \frac{1}{n^{\frac{3}{2}}} \Rightarrow \frac{3}{2} > 1 \therefore$ Converge(P-Series)

II. $\displaystyle\lim_{n \to \infty} \frac{n^2}{2n^2 - 1} = \frac{1}{2} \neq 0 \therefore$ Diverge! (The nth term test)

III. $\displaystyle\lim_{n \to \infty} \frac{\dfrac{(n+1)!}{3^n \times 3}}{\dfrac{n!}{3^n}} \Rightarrow \lim_{n \to \infty} \frac{1}{3}(n+1) = \infty > 1 \therefore$ Diverge! (Ratio test)

23. (D)

$$\ln(1+x) = x - \frac{1}{2}x^2 + \frac{1}{3}x^3 - \frac{1}{4}x^4 + \cdots$$

$$\Rightarrow (\ln(1+x))' = \frac{1}{1+x} = 1 - x + x^2 - x^3 + \cdots$$

$$\Rightarrow (x = \tan x) \Rightarrow \frac{1}{1+\tan x} = 1 - \tan x + \tan^2 x - \tan^3 x + \cdots$$

$$\Rightarrow \frac{x}{1+\tan x} = x - x\tan x + x\tan^2 x - x\tan^3 x + \cdots$$

24. (C)

$$\int e^x \cos x \, dx = e^x \sin x - \int e^x \sin x \, dx$$

$$\int e^x \sin x \, dx = -e^x \cos x + \int e^x \cos x \, dx$$

$$\therefore \int e^x \cos x \, dx = \frac{e^x}{2}(\sin x + \cos x) + C$$

25. (B)

Vertical Line $\Rightarrow$ Slope does not exist! $\Rightarrow \dfrac{dy}{dx} = \dfrac{\dfrac{dy}{dt}}{\dfrac{dx}{dt}} \Rightarrow \dfrac{dx}{dt} = 0$

$$\therefore \frac{dx}{dt} = t^2 - t = 0 \Rightarrow t = 0, 1$$

26. (C)

① Since $4P > 1$ in $\displaystyle\sum_{n=1}^{\infty} \frac{1}{n^{4P}}$ by P-series, $P > \dfrac{1}{4}$.

② Since $-1 < \dfrac{P}{3} < 1$ in $\displaystyle\sum_{n=1}^{\infty} \left(\frac{P}{3}\right)^n$ by Geometric series, $-3 < P < 3$.

Therefore, the interval of P such that both $\displaystyle\sum_{n=1}^{\infty} \frac{1}{n^{4P}}$ and $\displaystyle\sum_{n=1}^{\infty} \left(\frac{P}{3}\right)^n$ converge is $\dfrac{1}{4} < P < 3$.

27. (A)

Let ∞ be k. In $\displaystyle\lim_{k \to \infty} \int_{1}^{k} x^2 e^{-5x^3} dx$, let $-5x^3 = U$. Then since $-15x^2 = \dfrac{dU}{dx}$,

$$\lim_{k \to \infty} \int_{1}^{k} x^2 e^{-5x^3} dx = \lim_{k \to \infty} \int_{-5}^{-5k^3} x^2 e^{U} \cdot \frac{dU}{-15x^2}$$

$$= -\frac{1}{15} \lim_{k \to \infty} \int_{-5}^{-5k^3} e^{U} dU$$

$$= -\frac{1}{15} \lim_{k \to \infty} \left(e^{-5k^3} - e^{-5}\right)$$

$$= -\frac{1}{15}\left(-\frac{1}{e^5}\right) = \frac{1}{15e^5}$$

28. (A)

$\displaystyle\int x^3 e^x dx = x^3 e^x - 3\int x^2 e^x dx$. Since $\displaystyle\int x^2 e^x dx = x^2 e^x - 2\int xe^x dx$,

$$\int x^3 e^x dx = x^3 e^x - 3\left(x^2 e^x - 2\int xe^x dx\right)$$

$$= x^3 e^x - 3x^2 e^x + 6\int xe^x dx.$$

Therefore, $f(x) = x^3$, $g(x) = 6xe^x$.

29. (A)

Since $s_n = a_1 + a_2 + \cdots + a_{n-1} + a_n$ and $s_{n-1} = a_1 + a_2 + \cdots + a_{n-1}$, $s_n - s_{n-1} = a_n$. That is, $n^2 - (n-1)^2 = a_n$ and so $a_n = 2n-1$.

$$\sum_{k=1}^{\infty} \frac{1}{(2k-1)(2k+1)} = \frac{1}{2} \sum_{k=1}^{\infty} \left(\frac{1}{2k-1} - \frac{1}{2k+1} \right)$$

$$= \frac{1}{2} \left\{ \left(1 - \frac{1}{3} \right) + \left(\frac{1}{3} - \frac{1}{5} \right) + \left(\frac{1}{5} - \frac{1}{7} \right) + \cdots + \left(\frac{1}{2n-1} - \frac{1}{2n+1} \right) + \cdots \right\}$$

$$= \frac{1}{2} \cdot 1 = \frac{1}{2}$$

30. (C)

(A) Total distance $= \displaystyle\int_0^1 \sqrt{\cos^2(t^3) + e^{4t}}\, dt$

(B) From $y(2) - y(1) = \displaystyle\int_1^2 y'(t)\, dt$, $y(2) = 3 + \displaystyle\int_1^2 \cos(t^3)\, dt$

(C) Slope $= \dfrac{dy}{dx} = \dfrac{\frac{dy}{dt}}{\frac{dx}{dt}}$. And vertical line is made when $\dfrac{dx}{dt} = 0$. Since $\dfrac{dx}{dt} = e^{2t} > 0$, there is no vertical line.

(D) At time $t = 2$, the speed of the object is $\sqrt{e^{4 \cdot 2} + \cos^2(2^3)} = \sqrt{e^8 + \cos^2 8}$.

PART B

76. (D)

$$\int_0^2 f(x)dx + \int_{-1}^0 f(x)dx = \int_{-1}^2 f(x)dx = 2$$

$$\int_{-1}^2 (f(x)+2)dx = \int_{-1}^2 f(x)dx + \int_{-1}^2 2dx = 2 + [2x]_{-1}^2 = 2 + (4+2) = 8$$

77. (C)

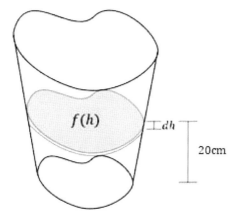

$$f(h)$$
$$dh$$
$$20\text{cm}$$

Volume $= \displaystyle\int_0^{20} f(h)dh$

78. (A)

$$\int \frac{2x+8}{(x-1)(x-3)}dx = \int \left(\frac{A}{x-1} + \frac{B}{x-3}\right)dx = \int \frac{(A+B)x - 3A - B}{(x-1)(x-3)}dx$$

Therefore, since $A+B=2$ and $-3A-B=8$, $A=-5$ and $B=7$.

Since $7\displaystyle\int \frac{1}{x-3}dx - 5\int \frac{1}{x-1}dx = 7\cdot\ln|x-3| - 5\ln|x-1| + C$, the answer is $\ln\dfrac{|x-3|^7}{|x-1|^5} + C$.

79. (C)

Shell Method

Volume=$2\pi \int_a^b xy\,dx = 2\pi \int_0^4 xy\,dx$

$2\pi \int_0^4 x(5x - x^2 - x)\,dx = 2\pi \int_0^4 (4x^2 - x^3)\,dx$

80. (C)

$\dfrac{d}{dx}(F(x^2) - F(0)) = 2xf(x^2)$

Therefore, from $g(x) = 2xf(x^2)$, $g(1) = 2f(1) = 6$.

81. (D)

Volume= $\int_1^3 (\text{Cross Section Area})\,dx \Rightarrow$ Volume= $\int_1^3 e^{2x}\,dx \approx 198.02$

82. (C)

The condition of the problem is Differential, and $f(1) = f(6)$, using the Rolle's Theorem. Thus, at least one exists from $f'(c) = 0$ within the interval, where c is given.

83. (A)

Let $a_n = \dfrac{(x-1)^n}{n \cdot 3^n}$. Then $\displaystyle\lim_{n \to \infty} \left| \dfrac{\dfrac{(x-1)^n(x-1)}{(n+1)\cdot 3^n \cdot 3}}{\dfrac{(x-1)^n}{n \cdot 3^n}} \right| < 1$. Since $\displaystyle\lim_{n \to \infty} \left| \dfrac{n}{3(n+1)} \cdot (x-1) \right| < 1 \Rightarrow \left| \dfrac{x-1}{3} \right| < 1$,

$|x-1| < 3$. Thus $-3 < x-1 < 3$ and so $-2 < x < 4$.

① If $x = 4$. Since $\displaystyle\sum_{n=1}^{\infty} \dfrac{1}{n}$, it diverges by P-series.

② If $x = -2$. $\displaystyle\sum_{n=1}^{\infty} \dfrac{(-1)^n \cdot 3^n}{n \cdot 3^n} = \sum_{n=1}^{\infty} \dfrac{(-1)^n}{n}$. Let $b_n = \dfrac{1}{n}$. Since $b_n > 0$, $b_n > b_{n+1}$ and $\displaystyle\lim_{n \to \infty} b_n = 0$, it

converges.

84. (D)

Substitute $(1, 1)$, $(1, 2)$, $(1, -1)$, $(1, -2)$ $\cdots$, then $\dfrac{dy}{dx} = \dfrac{x}{y}$ is the answer.

85. (D)

I. ① $\displaystyle\sum_{n=1}^{\infty} \left| \dfrac{(-1)^{n+1}}{n^{\frac{3}{2}}} \right| = \sum_{n=1}^{\infty} \dfrac{1}{n^{\frac{3}{2}}}$ converges by P-series.

② Let $b_n = \dfrac{1}{n^{\frac{3}{2}}}$ in $\displaystyle\sum_{n=1}^{\infty} (-1)^{n+1} \cdot \dfrac{1}{n^{\frac{3}{2}}}$. Since $b_n > 0$, $b_n > b_{n+1}$ and $\displaystyle\lim_{n \to \infty} b_n = 0$, it converges.

Therefore, Absolutely convergent.

II. ① $\displaystyle\sum_{n=1}^{\infty} \left| (-1)^n \cdot \dfrac{n}{n^2+2n} \right| = \sum_{n=1}^{\infty} \dfrac{n}{n^2+2n}$. Let's use Limit Comparison test. Since $\displaystyle\sum_{n=1}^{\infty} \dfrac{1}{n}$ diverges

and $\displaystyle\lim_{n \to \infty} \dfrac{n}{n^2+2n} \times n = 1$ (Positive and Finite), It diverges.

② Let $b_n = \dfrac{n}{n^2+2n}$ in $\displaystyle\sum_{n=1}^{\infty} (-1)^n \cdot \dfrac{n}{n^2+2n}$. Since $b_n > 0$, $b_n > b_{n+1}$ and $\displaystyle\lim_{n \to \infty} b_n = 0$, it converges.

Therefore, Conditionally convergent.

III. ① $\displaystyle\sum_{n=1}^{\infty} \left| (-1)^n \cdot \dfrac{1}{3^n} \right| = \sum_{n=1}^{\infty} \dfrac{1}{3^n}$ is Geometric series, Since $-1 < $ ratio < 1, it converges.

② Let $b_n = \dfrac{1}{3}$ in $\displaystyle\sum_{n=1}^{\infty} (-1)^n \cdot \dfrac{1}{3^n}$. Since $b_n > 0$, $b_n > b_{n+1}$ and $\displaystyle\lim_{n \to \infty} b_n = 0$, it converges.

Therefore, Absolutely convergent.

86. (A)

$f(t) = \sin(5t)$

$\dfrac{d}{dx} \displaystyle\int_0^x f(t)\,dt = \dfrac{d}{dt}(F(x) - F(0)) = f(x) = \sin(5x)$

87. (A)

$g'(1) = (f^{-1})'(1) = \dfrac{1}{f'(-1)}$ $(\ast\, 1 = -x^3 \Rightarrow x = -1)$

$f'(x) = -3x^2 \;\Rightarrow\; f'(-1) = -3$

$\therefore\; g'(1) = \dfrac{1}{f'(-1)} = -\dfrac{1}{3}$

88. (B)

Since $x = r\cos\theta$ and $y = r\sin\theta$, $x = \theta^2\cos\theta$ and $y = \theta^2\sin\theta$, respectively. If $\theta = \dfrac{\pi}{2}$, $x = 0$, $y = \dfrac{\pi^2}{4}$.

Since Slope $= \dfrac{dy}{dx} = \dfrac{\dfrac{dy}{d\theta}}{\dfrac{dx}{d\theta}} = \dfrac{2\theta\sin\theta + \theta^2\cos\theta}{2\theta\cos\theta - \theta^2\sin\theta}$, when $\theta = \dfrac{\pi}{2}$, slope is $\dfrac{\pi}{-\dfrac{\pi^2}{4}} = -\dfrac{4}{\pi}$.

Therefore, line tangent equation is $y = -\dfrac{4}{\pi}x + \dfrac{\pi^2}{4}$.

89. (C)

$P(0) = 95$

$P(10) = 95 + \displaystyle\int_0^{10} -7.4e^{-0.13t}\,dt$

$\qquad \approx 95 - 41.4097$

$\qquad \approx 53.59$

90. (C)

① In $f'(x) = 2e^{ax+b} + 2axe^{ax+b} \cdot 2$, $f'(0) = 2e^b = 1$, so $e^b = \dfrac{1}{2}$.

Therefore $b = \ln\dfrac{1}{2}$.

② In $f''(x) = 2ae^{ax+b} + 2ae^{ax+b} + 2ax \cdot e^{ax+b} \cdot a$, $f''(0) = 2ae^b + 2ae^b = 2$, so $4ae^b = 2$.

In $ae^b = \dfrac{1}{2}$, $b = \ln\dfrac{1}{2}$, so from $ae^{\ln\frac{1}{2}} = \dfrac{1}{2}$, $a = 1$.

Therefore, $a + b = 1 + \ln\dfrac{1}{2}$.

AP Calculus BC
Free Response Questions
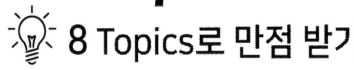 8 Topics로 만점 받기

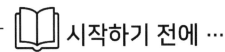 시작하기 전에 …

AP Calculus는 무조건 다 맞아야 만점이 나오는 시험이 아니다. 어느 정도까지 풀어내면 만점이 나오는 시험이다. AP Calculus BC를 8개의 Topic으로 총정리하였다. 여기에 나오는 Topic들만 정확히 알고 시험장에 들어가도 충분히 5점 만점이 나오리라 확신하는 바이다.

8개의 Topic을 모두 공부하였다면 www.collegeboard.org에 공개되어있는
Free Response Question 최근 문제 3~5년 정도의 분량을 더 풀어보기 바란다.

반드시 공개되어있는 답처럼 쓰지 않아도 된다. 여기에서 제시하는 풀이가 Collegeboard에서 제시하는 풀이 방식과 다르다고 하여 걱정할 필요는 없다.

심선생의 주절주절....1

필자는 3월만 되면 몹시 긴장이 된다. 3월에는 AIME시험도 있고 5월에 AP Calculus AB와 BC 시험도 있기 때문이다. 필자의 수업을 들어오는 학생들을 만날때마다 항상 겪어왔던 어려운점은 바로 과제를 마음대로 낼 수 없다는 점이었다. 한국에서 수학을 가르칠때는 과제를 필자 마음대로 냈었지만 유학을 준비하는 학생들은 그럴 수가 없었다. 이유는 수학이 대학으로 가기위한 첫 번째가 아닌 점도 있지만 공부 이외에도 바쁜 일들이 너무 많아 보이기도 했기 때문이다. 과제를 내더라도 제대로 해오는 학생들은 20%미만 이었다.

학생들이나 부모님들이나 원하는 것은 모두 똑 같았다.
"과제는 제로!! 그래도 점수는 Perfect!!"
도둑 심보 같지만 사실 충분히 이해가 가는 부분이기도 하다. 오래전 일이지만 필자는 AP Calculus AB와 BC 시험에 직접 응시를 했었다. 무슨 문제가 나올지는 궁금하지 않았다. 어짜피 어느 정도 문제들이 공개가 되기에...정말 궁금했던 것은 점수를 어떻게 계산하는지와 어떻게 하면 4점이 나오는지를 테스트해보고 싶은 것이었다.

놀랬던 사실은....4점 이라고 생각했던 성적이 계속 5점이 나왔다는 사실이었다. 오래전 일이기는 하지만 이와 같은 일은 지금도 계속되고 있다. 학생들의 말을 통해서 이는 계속 확인이 되고 있는 상황이다.

그 이후 필자는 수업자료를 반 이상 줄여서 수업을 진행하였으며 과제도 거의 안내는 방향으로 수업을 진행하였다. AP Calculus와는 다르게 History나 Chemistry, Biology 등은 적당히 답을 써서는 만점을 받을 수가 없고 공부하는 분량 또한 AP Calculus에 비해 상당히 많은데 많은 학생들이 AP시험을 여러과목을 치루기에 AP Calculus 이라도 시간을 절약해줘야 한다는 책임감이 들어서였다. 첫 한 두해 동안은 솔직히 필자도 걱정이 되기는 하였으나 시간이 지날수록 이것이 맞는 방법이라는 확신이 들게 되었다. 대부분의 학생들이 적은 과제량으로도 만점을 받는 것을 확인해왔기 때문이다.

한국에서 공부를 하였던 학생들은 수능처럼 생각을 하여 수학에 더 큰 비중을 두고 공부하다보니 History, Chemistry, Biology에 비해 AP Calculus에 더 많은 시간을 들이는 학생들을 자주 보게 되는데 이는 효과적인 시험 준비가 아니라고 말씀드리고 싶다.

성공하는 사람은 시간을 잘 활용하는 사람이다. 명문대에 진학한 학생들을 보면 천재라기 보다는 시간 계획을 잘 세웠던 학생들이 많았다. 종종 이런 부모님들께서 이런 말씀을 하신다. "우리 아이는 SAT준비 때문에 시간이 없어요...." 이는 누구나 마찬가지이다. 하지만 명문대 진학한 학생들의 입에서 필자는 이런 말을 거의 들어본 적이 없다. 대부분 적당히 준비하여 점수를 잘 받은 학생들이 많았는데 이는 바쁜 학기중에도 시간을 내서 틈틈이 공부를 하면서 시간을 절약해 왔기 때문이다. 이런 말이 있지 않은가?-"시간은 금이다!!"

Topic 1

Graph

다음의 $y = f(x)$, $y = f'(x)$, $y = f''(x)$의 graph들을 보고 그 내용들을 암기하자.

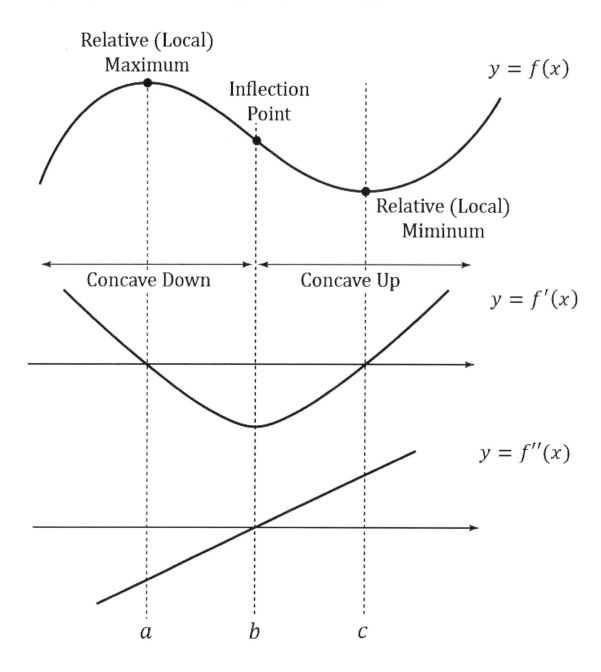

① Relative (Local) Maximum
① f'가 positive에서 negative로 change 되는 point
② $f'(x) = 0$이면서 $f''(x) < 0$인 point

② Relative (Local) Minimum
① f'이 negative에서 positive로 change 되는 point
② $f'(x) = 0$이면서 $f''(x) > 0$인 point
※ Relative Maximum or Minimum을 찾을 때 $f'(x) = 0$인 point라고 하면 안 된다. 반드시 $f''(x) < 0$ or $f''(x) > 0$인 조건이 같이 들어가야 한다.

③ Inflection Point

① f'이 increasing에서 decreasing으로 또는 decreasing에서 increasing으로 change 되는 point
② f''이 sign change가 생기는 point

※Inflection point를 구할 때 $f''(x) = 0$인 점이라고 하면 안 된다.

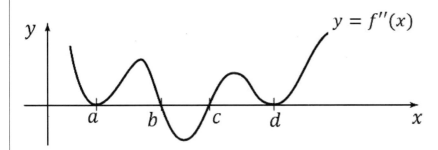

위의 $y = f''(x)$로부터 알 수 있는 것은 $y = f(x)$는 inflection point를 $x = b$와 $x = c$에서 갖는다는 것이다. $x = a$, $x = d$에서는 f''의 sign change가 일어나지 않기 때문에 inflection point가 생기지 않는다.

---

④ Concave Down

① $y = f'(x)$이 decreasing하는 구간에서 발생
② $f''(x) < 0$인 구간에서 발생

⑤ Concave Up

① $y = f'(x)$이 increasing하는 구간에서 발생
② $f''(x) > 0$인 구간에서 발생

⑥ Increasing

① $f'(x) > 0$인 구간에서 발생

⑦ Decreasing

① $f'(x) < 0$인 구간에서 발생

위의 7가지는 반드시 암기하기 바란다.

Graph 문제를 해결하는 데 있어서 다음의 사항을 반드시 알아두어야 한다. 대부분의 학생들이 어려워하는 내용이다.

1. $\int$ 은 Graph를 해석하는 데 도움이 안 된다.

Definite Integral의 definition을 이용하여 다음과 같이 제거한다.

① $g(x) = \int_a^x f(t)dt$

$\Rightarrow$ ② $g(x) = F(x) - F(a)$

$\Rightarrow$ ③ $g'(x) = f(x)$

※ 여기에서 $F(a)$는 Constant이므로 $F'(a)$는 무조건 0이 된다.

2. Absolute Maximum Value와 Absolute Minimum Value는 다음과 같이 구하자.

① f' graph로부터 f graph를 추정하여 Maximum Value와 Minimum Value 후보를 선정한다.

② 예를 들어, Maximum Value의 후보가 $f(b)$와 $f(a)$라면

$f(b) - f(a) = \int_a^b f'(x)dx$를 이용하여 $\int_a^b f'(x)dx > 0$인지 또는 $\int_a^b f'(x)dx < 0$인지를 조사한다.

※ (1) 3이 1보다 크다는 사실은 누구나 아는 사실이다. 이를 증명하는 방법은 $3 - 1 > 0 \Rightarrow 3 > 1$. 즉, 두 값을 빼 보면 알게 된다. 위의 ②에서 설명한 것도 이와 같은 원리이다.

(2) $\int_a^b f'(x)dx = f(b) - f(a)$인 것은 쉽게 알 수 있지만 이를 거꾸로 쓰는 $f(b) - f(a) = \int_a^b f'(x)dx$는 생각보다 잘 써지지 않는다.

(Example)

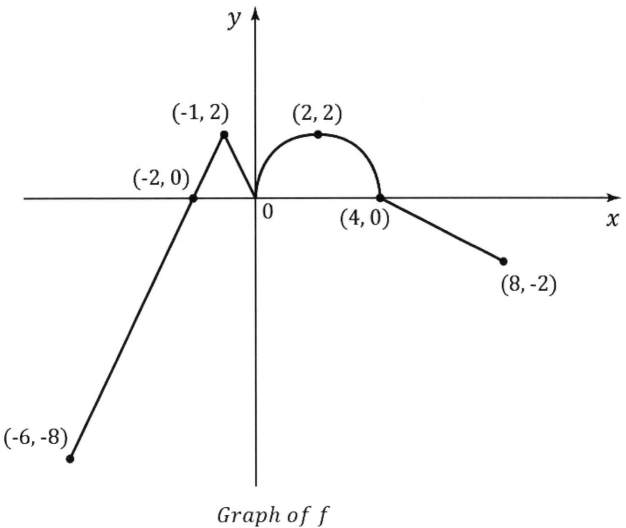

y

(-1, 2)   (2, 2)

(-2, 0)

0   (4, 0)

x

(8, -2)

(-6, -8)

Graph of f

The graph of the function f shown above consists of a semicircle and three line segments. Let g be the function given by $g(x) = \int_{-1}^{x} f(t)dt$.

(1) Find all values of x in the open interval $(-6, 8)$ at which g attains a local minimum. Justify your answer.

(2) Find all values of x in the open interval $(-6, 8)$ at which the graph of g has a point of inflection.

(3) Find the absolute minimum value of g on the closed interval $[-6, 8]$. Justify your answer.

(Solution)

$g(x) = \int_{-1}^{x} f(t)dt = F(x) - F(-1)$, therefore $g'(x) = f(x)$.

That is, the graph given is both f graph and g' graph.

(1) Local Minimum is where g changes from negative to positive, therefore the answer is $x = -2$.

$\Rightarrow g' = f$ changes from negative to positive at $x = -2$.

(2) Inflection point is where g' graph changes from increasing to decreasing or from decreasing to increasing, therefore the answer is $x = -1, 0, 2$.

$\Rightarrow g' = f$ changes from increasing to decreasing at $x = -1, 2$ and decreasing to increasing at $x = 0$.

(3) We can infer g graph from g' graph as follows.

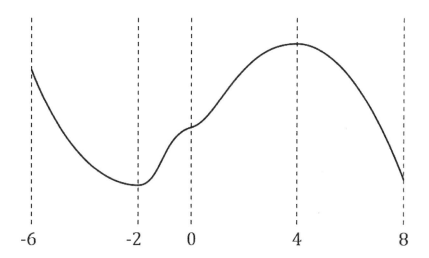

That is, Absolute minimum is either $g(-2)$ or $g(8)$.

$g(8) - g(-2) = \int_{-2}^{8} g'(x)dx \approx \frac{1}{2} \cdot 2 \cdot 2 + \frac{1}{2}\pi \cdot 2^2 - \frac{1}{2} \cdot 4 \cdot 2 \approx 2 + 2\pi - 4 > 0$

Therefore, from $g(8) - g(-2) > 0$, $g(8) > g(-2)$, therefore the Absolute minimum is $g(-2)$.

From $g(x) = \int_{-1}^{x} f(t)dt$, $g(-1) = 0$.

$g(-1) - g(-2) = \int_{-2}^{-1} g'(x)dx = \frac{1}{2} \cdot 1 \cdot 2 = 1$.

$\Rightarrow$ Therefore, $g(-2) = -1$.

![] Exercise

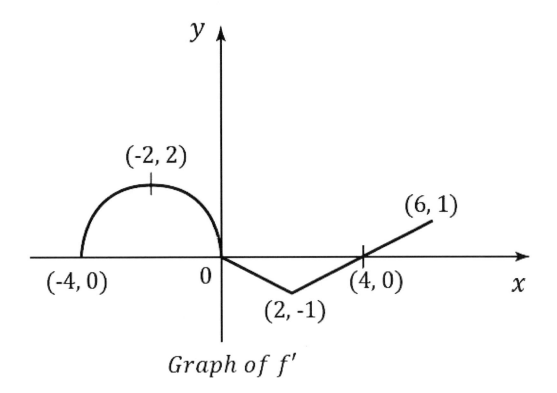

Graph of f'

1. Let f be a function defined on the closed interval $-4 \leq x \leq 6$ with $f(0) = 5$. The graph of f', the derivative of f, consists of two line segments and a semicircle, as shown above.

(1) Find the x-coordinate of each point of inflection of the graph of f on the open interval $-4 < x < 6$. Justify your answer.

(2) Find intervals of f both increasing and concave up.

(3) Find all values of x in the open interval $(-4, 6)$ at which f attains a relative maximum. Give a reason for your answer.

(4) Find $f(-4)$ and $f(4)$.

Solution

(1) $x = -2, \ 2$

f' changes from increasing to decreasing at $x = -2$ and decreasing to increasing at $x = 2$.

(2) $-4 < x < -2$ and $4 < x < 6$

f' is positive and increasing on the intervals $-4 < x < -2$ and $4 < x < 6$.

(3) $x = 0$

f' changes from positive to negative at $x = 0$.

(4)

- $f(4) - f(0) = \displaystyle\int_0^4 f'(x)dx$

$\Rightarrow f(4) = f(0) + \displaystyle\int_0^4 f'(x)dx = 5 + \dfrac{1}{2}(4)(-1) = 3$

- $f(0) - f(-4) = \displaystyle\int_{-4}^0 f'(x)dx$

$\Rightarrow f(-4) = f(0) - \displaystyle\int_{-4}^0 f'(x)dx = 5 - \dfrac{1}{2} \cdot \pi \cdot 2^2 = 5 - 2\pi$

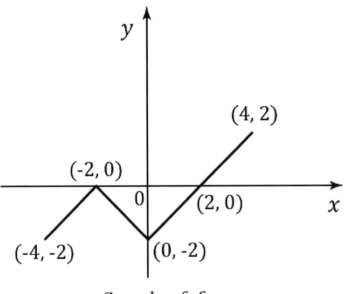

Exercise

Graph of f

2. The graph of the function f is shown above. Let g be the function given by $g(x) = x + \displaystyle\int_0^x f(t)dt$.

(1) Find all values of x in the open interval $(-4, 4)$ at which the graph of g has a point of inflection. Give a reason for your answer.

(2) Find all values of x in the open interval $(-4, 4)$ at which g attains a local minimum. Give a your reason for your answer.

Solution

$g(x) = x + F(x) - F(0)$

$\Rightarrow g'(x) = 1 + f(x)$

That is, g' graph is the graph that f graph is moved about 1 in the $y-$axis. Therefore, g' graph is as follows.

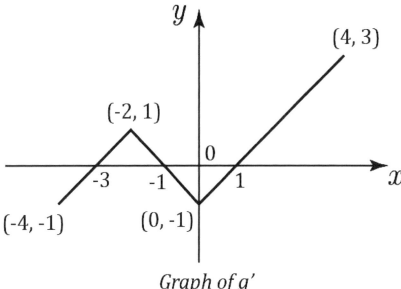

Graph of g'

(1) $x = -2,\ 0$

g' changes from increasing to decreasing at $x = -2$ and decreasing to increasing at $x = 0$.

(2) $x = -3,\ 1$

g' changes from negative to positive at $x = -3$ and 1.

Topic 2

Related Rates

Rate란 짧은 시간 (dt)동안 일어나는 짧은 변화를 말한다.

다음을 보자.

Volume의 변화율이라 하면

$\dfrac{dV}{dt} = V'(t)$에서 $dV = V'(t)dt$로부터

$\displaystyle\int dV = \int V'(t)dt \;\Rightarrow\; V = \int V'(t)dt$임을 확인할 수 있다.

즉,

$$V(t) = \int V'(t)dt$$

↑   ↑
Original   Rate
Value

다음의 세 가지 경우를 보도록 하자.

① $\displaystyle\int f'(t)dt = f(t) + C$

② $\displaystyle\int f(t)dt = F(t) + C$

③ $\displaystyle\int F(t)dt = \mathbf{F}(t) + C$ (?)

위의 세 가지 중 ③은 애매하다.
그렇다면, 가장 익숙한 모양은 몇 번인가? 아마도 ①번일 것이다.

수학을 잘하는 방법 중 한 가지는 본인에게 익숙한 형태로 "Equation"을 다시 만드는 것이다.

필자는 다음과 같이 제시하고자 한다.

Rate는 무조건 소문자로 $f'(t)$, $g'(t)$ ⋯ 등과 같이 표현하자!

예를 들어, rate를 e^{-2t}로 준다면 $f'(t) = e^{-2t}$로, rate를 $P(t) = \sin(t^2)$로 준다면 $P(t) = r'(t) = \sin(t^2)$로 바꾸어 풀자는 것이다.

사소한 이야기 같지만 시험을 볼 때, 상당히 큰 힘을 발휘하게 된다. Rate가 $F(t)$, $P(t)$ 등과 같이 대문자로 표현이 되면 나도 모르게 $\int F(t)dt$, $\int P(t)dt$ 등을 계산하지 못하는 경우가 발생한다.

다음과 같이 알아두자!

Related Rate 문제에서는
1. Rate가 대문자 $P(t)$, $F(t)$로 주어지면 소문자 $f'(t)$, $g'(t)$ 등으로 바꾼다.
2. 완벽한 Equation을 만들자. (생각보다 Equation 만들기는 쉽다.)

보통 AP Calculus AB 또는 BC의 Free Response Question 1번으로 출제되는 경우가 많다.

필자가 제시하는 예제들을 통해 그 풀이를 익혀보도록 하자.

(Example)

An oil tank holds 500 gallons of oil at time $t = 0$. During the time interval $0 \leq t \leq 8$ hours, oil is pumped into the tank at the rate $P(t) = 3t \cdot \sin(t)$ gallons per hour.

During the same time interval, oil is removed from the tank at the rate $R(t) = \sqrt{t}\sin^2(\frac{t}{3})$ gallons per hour.

(1) Is the amount oil on the tank increasing at time $t = 6$? Why or why not?

(2) To the nearest whole number, how many gallons of oil are in the tank at time $t = 8$?

(3) For $0 \leq x \leq 8$, at what time t is the amount of oil in the tank a maximum? Give a reason for your answer.

(Solution)

① Let $P(t) = f'(t)$, $R(t) = g'(t)$, and make equation as follows.

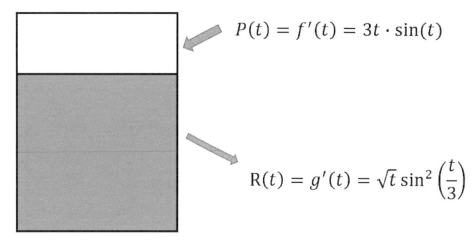

Tank

$$P(t) = f'(t) = 3t \cdot \sin(t)$$

$$R(t) = g'(t) = \sqrt{t} \sin^2\left(\frac{t}{3}\right)$$

② Rate of the amount of oil in the tank is as follows.

$$h'(t) = f'(t) - g'(t)$$

(1) No.

$h'(6) \approx -7.055$, and $h'(6) < 0$, therefore decreasing at $t = 6$.

(2) $h(8) - h(0) = \displaystyle\int_0^8 h'(t)dt$

$h(8) = h(0) + \displaystyle\int_0^8 h'(t)dt \approx 496.716 \approx 497$

(3) Draw a graph of $h'(t)$ using a calculator.
From the graph of h', we can get the graph of h as follows.

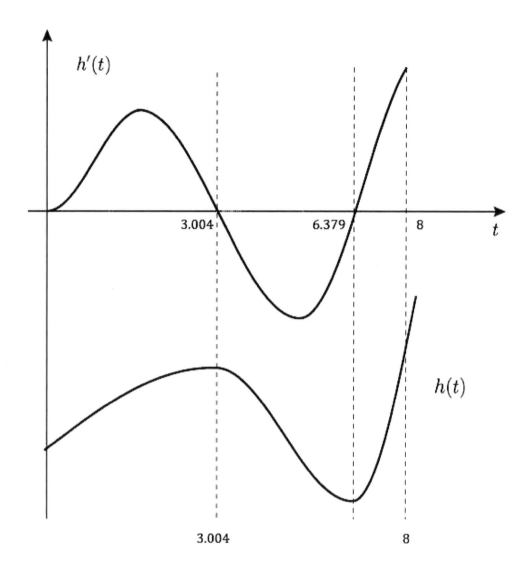

Thus, the candidates for maximum are $h(8)$ and $h(3.004)$.

$$h(8)-h(3.004)=\int_{3.004}^{8} h'(t)dt \approx -11.418 < 0$$

Therefore, $h(8) < h(3.004)$

∴ h has the absolute maximum value at $t=3.004$

Exercise

1. For $0 \le t \le 12$, the rate of change of the number of doves at an amusement park at time t months is modeled by $P(t) = \sqrt{t}\sin\left(\frac{t}{3}\right)$ doves per month. There are 300 doves at an amusement park at time $t = 0$.

(1) Is the number of doves increasing or decreasing at time $t = 5$?

(2) How many doves will be at the amusement park at time $t = 12$? Round your answer to the nearest whole number.

(3) To the nearest whole number, what is the minimum number of doves for $0 \le t \le 12$?

Solution

Let $P(t) = f'(t)$. Therefore, $P(t) = f'(t) = \sqrt{t}\sin\left(\frac{t}{3}\right)$

(1) $f'(5) = P(5) = \sqrt{5}\sin\left(\frac{5}{3}\right) \approx 2.226 > 0$

Therefore, increasing.

(2) Let $f(0) = 300$, then from $f(12) - f(0) = \int_0^{12} f'(t)dt$,

$f(12) = 300 + \int_0^{12} f'(t)dt \approx 309.191$

$\therefore$ 309

(3) Using calculator, we can draw f' graph as follows.

Find the candidates of absolute minimum, by drawing f graph from f' graph.

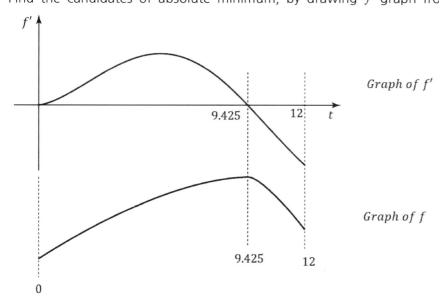

That is, either $f(12)$ or $f(0)$ can be the absolute minimum.

$\Rightarrow f(12) - f(0) = \int_0^{12} f'(t)dt \approx 9.191 > 0$, therefore $f(12) > f(0)$.

Therefore, absolute minimum is $f(0)$.

or

If we find only absolute minimum candidates, we can see from the result of (2).

Therefore, $f(0) = 300$.

Exercise

$$P(t) = 3\sqrt{t}\sin^2\left(\frac{1}{2}t\right) \text{ gallons per hour}$$

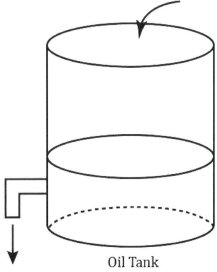

Oil Tank

$$R(t) = 2\sin^2\left(\frac{1}{3}t\right) \text{ gallons per hour}$$

2. In the figure above, an oil tank holds 1500 gallons of oil at time $t = 0$. During the time interval $0 \le t \le 8$ hours, oil is pumped into the tank at the rate $P(t) = 3\sqrt{t}\sin^2(\frac{1}{2}t)$ gallons per hour. During the same time interval, oil is removed from the tank at the rate $R(t) = 2\sin^2(\frac{1}{3}t)$ gallons per hour.

(1) Is the amount of oil in the tank increasing at time $t = 6$? Why or why not?

(2) To the nearest whole number, how many gallons of oil are in the tank at time $t = 8$?

☝️ Solution

Let $P(t)$ as $f'(t)$, $R(t)$ as $g'(t)$, and the rate of amount of oil in the tank as $h'(t)$, then we make the equation $h'(t) = f'(t) - g'(t)$.

(1) $h'(6) = f'(6) - g'(6) \approx -1.507 < 0$

$\therefore$ The amount of oil in the tank is decreasing at time $t = 6$.

(2) $h(8) - h(0) = \displaystyle\int_0^8 h'(t)dt$

$h(8) = h(0) + \displaystyle\int_0^8 h'(t)dt \approx 1500 + 10.172 \approx 1510$

$\therefore$ 1510 gallons

심선생의 주절주절....2

필자는 2008년 Math Level 2책을 처음 출간한 이후로 꾸준히 책을 출간해 오고 있다. 다른 저자분들도 마찬가지이겠지만 책을 출판한다는 것은 살을 깎는 고통을 겪어야 한다. 첫 책을 출판했을 당시 한국에서는 대부분 Math Level 2 시험을 수입서적에 의존을 했었다. 수입 서적이 좋아서가 아니라 공부할 책이 없어서 그랬었는데 필자는 단원 구성부터 모든 것을 필자 주관대로 다시 처음부터 만들었었다. 지금 그때의 책을 보면 "이거 쓰는데 그렇게 힘들었을까?...."라는 생각이 들기도 한다.

이번 AP Calculus AB, BC도 마찬가지로 필자 주관대로 단원을 구성하였고 내용도 필자 주관대로 쓴 부분이 많다. 필자가 3월 AP Calculus Final특강 때 써오던 단원 구성과 강의를 그대로 담아보려고 노력을 하였다. 그러다보니 힘든 부분이 이만저만이 아니였다.

이 책으로 공부하는 학생들의 입장에서는 단원 구성이 생소할 수도 있다. 하지만 믿고 공부해주기를 바란다. 실제 시험은 어느 특정단원을 물어 본다기 보다는 종합적으로 물어보는 문제들이 많다. 그러다보니 필자도 단원 구성을 시험에 맞게 하다보니 실제 학교 교과에서 배우는 단원과 조금은 달라 보일 수 도 있다.

이 책만으로도 충분히 만점이 나오리라 확신이 든다. 하지만 더 공부를 하고 싶은 학생이라면 수입서적을 풀어 볼 것이 아니라 인터넷에 공개되어 있는 최근 주관식시험 몇 해 분과 공개되어 있는 객관식 몇 회분 정도 더 풀어볼 것을 권해 드린다.

Topic 3

Table

우리가 실생활에서 마주치는 실제 Data는 Table로 표현되는 경우가 많다. 그렇다면, 실제 Data를 Table로 표현했을 때, 그 주어진 Data가 "Differentiability"라고 확신할 수 있을까? 또는 식이 주어지지도 않았는데 Integral을 계산할 수 있는가?

그래서, 우리는 Table을 해석할 때, "Differentiable"이라고 Assume을 하여 Mean Value Theorem을 이용하게 된다. Calculus에서 구하는 값들은 Exact Value가 아니고 Approximation이기에 어느 정도 Error가 있더라도 "Differentiable"이라고 Assume하고 계산을 하는 것이다.

다음의 내용을 알고 시험장에 들어가자!

Table이 주어지고 Differentiable이라는 조건이 있는 경우에는 ...

① Mean Value Theorem을 생각하자.

② Integral 계산의 경우 Riemann Sum을 생각하자.

③ Average Value 공식을 이용하자!

$$\Rightarrow \text{Average Value} = \frac{\int_a^b f(t)dt}{b-a} \Rightarrow \text{여기에서 } f(t)\text{는 Value 자리이다.}$$

예를 들어, Average Volume이면 $f(t)$ 대신 Volume을, Average Velocity이면 $f(t)$ 대신 Velocity가 들어가게 되는 것이다. 다음의 예제를 보자.

(Example)

Height x (km)	0	1	3	5	7	9
Temperature $T(x)$ (°C)	40	38	10	8	6	2

The table above gives selected values of the temperature $T(x)$, in degree Celsius (°C), $x$km from the ground. The function T is decreasing and differentiable.

(1) Estimate $T'(6)$. Show the work that leads to your answer.

(2) Write an integral expression in terms of $T(x)$ for average temperature. Estimate the average temperature using a right sum with five subintervals indicated by the data in the table.

(3) Are the data in the table consistent with the assertion that $T''(x) > 0$ for every x in the interval $0 < x < 9$? Explain your answer.

(Solution)

(1) $T'(6) = \dfrac{6-8}{7-5} = -1 \ ^\circ C/km$

※ The value given in the table is $T=8$ when $x=5$, and $T=6$ when $x=7$, so for this problem, values like $T'(5.5)$, $T'(6.5)$, $T'(6.7)$ would all have same values.

(2) Average Temperature $= \dfrac{\displaystyle\int_0^9 T(x)dx}{9-0}$

It is convenient to draw the figure as follows when calculating the data in the table using Riemann Sum. Height of the square is the Right, so $T=40$ when $x=0$ is not calculated.

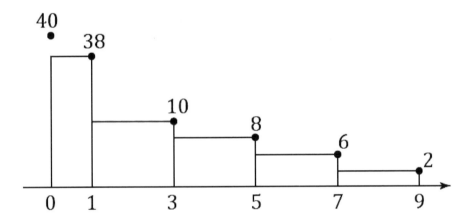

$$\frac{1}{9}\int_0^9 T(x)dx = \frac{1}{9}(38+20+16+12+4) = \frac{1}{9} \times 90 \ ^\circ C = 10 \ ^\circ C$$

(3) $T(x)$ is a decreasing function, and $T''(x)>0$ means concave up. Equation of $T(x)$ is not given, just the data is given by the table. Therefore we can use Mean Value Theorem.

① $T'(x)=\dfrac{38-40}{1-0}=-2 \ (0<x<1)$

② $T'(x)=\dfrac{10-38}{3-1}=-14 \ (1<x<2)$

③ $T'(x)=\dfrac{8-10}{5-3}=-1 \ (2<x<3)$

④ $T'(x)=\dfrac{6-8}{7-5}=-1 \ (3<x<4)$

⑤ $T'(x)=\dfrac{2-6}{9-7}=-2 \ (4<x<5)$

Result of ①~⑤ are as follows.

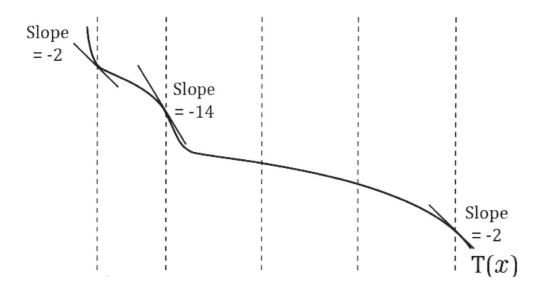

Therefore, $T''(x)>0$ is not true for every x in $0<x<9$.

t (minutes)	0	2	4	6	8
$H(t)$ (degree Celsius)	56	50	40	28	14

1. The table above shows the temperature of the potatoes cooled with time when the baked potatoes were taken out of the oven. The temperature of the potato is modeled by a differentiable function H for $0 \leq t \leq 8$, where time t is measured in minutes and temperature $H(t)$ is measured in degree celsius. Values of $H(t)$ at selected values of time t are shown in the table above.

(1) Use the data in the table to approximate the rate at which the temperature of the potato is changing at time $t = 5$.

(2) Write on integral expression in terms of $H(t)$ for average temperature. Estimate average temperature using a trapezoidal sum with the four subintervals indicated by the data in the table.

 Solution

1.

(1) $H'(5) = \dfrac{28-40}{6-4} = -6\,^\circ\text{C/min}$

(2) Average temperature $= \dfrac{\displaystyle\int_0^8 H(t)\,dt}{8-0} = \dfrac{1}{8}\int_0^8 H(t)\,dt$

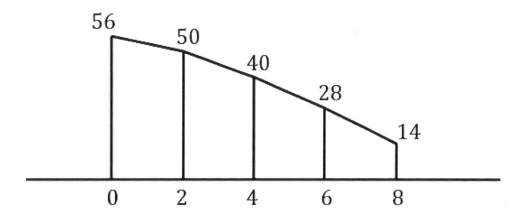

$\Rightarrow \displaystyle\int_0^8 H(t)\,dt = \dfrac{1}{2}(56+50)\cdot 2 + \dfrac{1}{2}(50+40)\cdot 2 + \dfrac{1}{2}(40+28)\cdot 2 + \dfrac{1}{2}(28+14)\cdot 2 = 306$

Therefore, $\dfrac{1}{8}\displaystyle\int_0^8 H(t)\,dt = \dfrac{1}{8}\cdot 306 = 38.25$

 **Exercise**

t (seconds)	0	1	2	3	4
$V(t)$ (kilometer per second)	0	10	30	70	100

2. The table above shows the velocity of the car over time. The velocity of the car is modeled by a differentiable function $V(t)$ for $0 \le t \le 4$, where time t is measured in seconds.

(1) Find the average acceleration of the car over the time interval $0 \le t \le 4$ seconds. Indicate units of measure.

(2) Write on integral expression in terms of $V(t)$ for average velocity. Estimate average velocity using a right sum with the four subintervals indicated by the data in the table.

(3) Are the data in the table consistent with the assertion that acceleration is positive for every time t?

Solution

2.

(1) Average acceleration $= \dfrac{\displaystyle\int_0^4 a(t)\,dt}{4-0} = \dfrac{V(4)-V(0)}{4-0} = 25\,km/\sec^2$

(2) Average velocity $= \dfrac{\displaystyle\int_0^4 V(t)\,dt}{4-0} = \dfrac{1}{4}\displaystyle\int_0^4 V(t)\,dt$

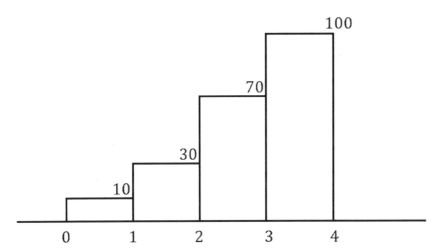

$\displaystyle\int_0^4 V(t)\,dt = 10 + 30 + 70 + 100 = 210$

Therefore, $\dfrac{1}{4}\displaystyle\int_0^4 V(t)\,dt = \dfrac{210}{4} = 52.5$

(3) Use a Mean Value Theorem!

$$V'(t) = a(t) = 10 \quad (0 < t < 1)$$
$$V'(t) = a(t) = 20 \quad (1 < t < 2)$$
$$V'(t) = a(t) = 40 \quad (2 < t < 3)$$
$$V'(t) = a(t) = 30 \quad (3 < t < 4)$$

This can be drawn like as follows.

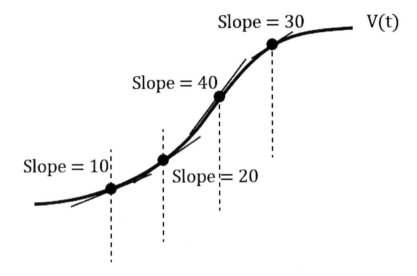

Therefore, the answer is no.

심선생의 주절주절....3

학교에서 Math Course를 계획할 때 남들보다 빠른 것이 좋은걸까?
" 내 친구는 9학년인데 벌써 AP Calculus BC를 듣는다..."
" 저 집 아이는 Precalculus를 시험봐서 건너뛰고 바로 AP Calculus AB반으로 갔데요..."
" 선생님, 제 천재에요. 우리학교에서 10학년인데 벌써 Multivariable을 수강하고 있어요"

이런 말을 들을 때마다 필자는 한숨이 나온다. 모두 그런 것은 아니겠지만 다음 두 학생의 경우를 보도록 하자.

1. Student A
9th Algebra2(Honors) B+
10th Precalculus(Honors) A
11th AP Calculus AB A
12th AP Calculus BC A

2. Student B
9th Algebra2 & Trigonometry A
10th Precalculus(Honors) A
11th AP Calculus BC A
12th Multivariable A

위의 두 학생 모두 필자가 직접 가르쳐왔던 학생들이고 흔히 말하는 미국의 상위 5개 대학에 진학한 학생들이다.

학교 진도가 빠른 것이 보이는가?...아니다. 본인 학년에 맞는 과정을 선택하되 좀 더 도전적인 Honors과정을 선택하여 좋은 성적을 받았다. 흔히 AP Calculus를 일찍 수강하면 수학을 잘하는 학생으로 착각들을 많이 한다. 하지만, 대학에서 원하는 학생은 고교과정을 도전적으로 차분하게 공부하고 올라온 학생을 원하는 것이다. Precalculus를 건너뛸 수 있는 시험을 보고 AP Calculus AB나 BC반으로 가려는 학생들도 자주 만나 볼 수 있는데 이는 상당히 위험한 생각이다. 왠만한 대학들은 AP Calculus AB 또는 BC에서 5점을 받아 오더라도 대학에서 다시 수업을 듣게 한다. 그러므로, AP Calculus AB 또는 BC 보다는 Precalculus성적을 더 중요시 여기는 대학들도 많다.

물론 학교코스를 빠르게 잡아서 공부한 학생들 중 명문대에 입학한 학생들도 많을 것이지만 필자가 봐 왔던 학생들은 차분하게 학교의 커리큘럼대로 도전적으로 공부를 해 온 학생들이다.

물론 교육업쪽에 계시는 원장님들이나 선생님들중에는 다른 의견이 있을 수도 있으니 판단은 본인들의 몫이라는 점을 말씀드리고 싶다.

Topic 4

Area & Volume

1. Area

Area를 구하는 방법에 대해서는 간단하게 소개하고자 한다. 대부분의 학생들이 비교적 쉽게 생각하는 부분이기도 하다.

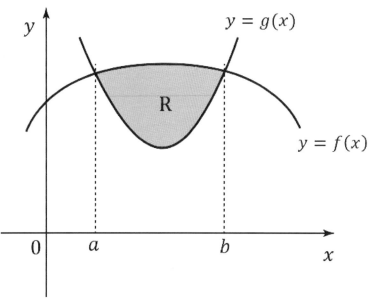

$\Rightarrow$ Area $R = \displaystyle\int_a^b (f(x) - g(x)) dx$

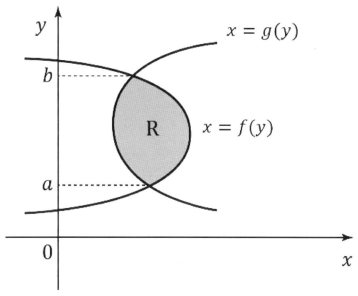

$\Rightarrow$ Area $R = \displaystyle\int_a^b (f(y) - g(y)) dy$

2. Volume

AP Calculus에서 공부하는 Volume도 예전에 공부했던 부분과 같다. 단지, 모양이 일정하지 않은 입체도형의 Volume을 정확히 구할 수 없기에 "$\int$"를 이용하여 어느 정도 Error가 있더라도 비슷하게 구하는 것이다.

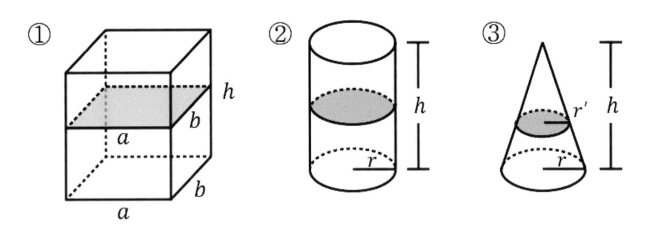

① Volume $= ab \cdot h$

                       Height

                  → Base Area = Cross Section Area

② Volume $= \pi r^2 \cdot h$

                       Height

                  → Base Area = Cross Section Area

③ Volume $= \dfrac{1}{3} \pi r^2 \cdot h$

                       Height

                  → Base Area = Cross Section Area

위의 그림 ①, ②, ③은 AP Calculus를 공부하기 전에 공부했던 내용이다. ①, ②의 경우를 보면 Base Area와 Cross Section Area가 같다는 것을 알 수 있다. ③의 경우 Base Area와 Cross Section Area가 차이는 있지만 앞으로 Integral을 이용하여 공부하는 Volume에서는 같다고 봐도 된다. 그 이유는 다음의 그림을 통해서 확인이 된다.

③

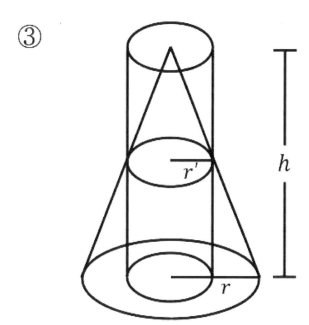

⇒ Cone의 실제 Volume $= \frac{1}{3}\pi r^2 h$

⇒ Cylinder의 Volume $= \pi r'^2 h$

Cone과 Cylinder의 Volume은 같지 않지만, 얼추 비슷하게 볼 수 있다. 그러므로, Cone의 Volume도 다음과 같이 계산할 수 있다.

→ Cone의 Volume $\underbrace{\pi(r')^2}_{\text{Cross Section Area}} \cdot \underbrace{h}_{\text{Height}}$

앞으로 Integral을 이용하여 Volume을 구할 때는 Exact Value를 찾는 것이 아니라 Approximation을 찾는 것이다. 그러므로, 위의 ③번과 같은 계산이 자주 이루어지게 된다.

다음을 보자.

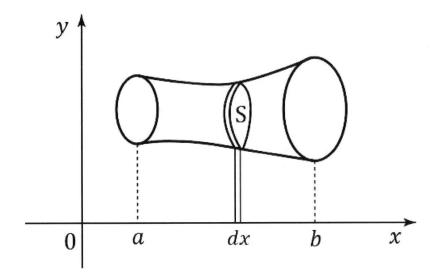

위의 그림에서 주어진 Volume은 다음과 같이 구한다.

$$\int_a^b \quad (\text{of}) \qquad \boxed{S} \\[-0.5em]$$

$$\underline{} \qquad\qquad \underline{dx}$$

= 많은 합   = Small Volume

그러므로, 다음과 같은 식이 만들어지게 된다.

$$\text{Volume} \;=\; \int_a^b \; S \cdot dx$$

$$\underbracket{}$$

           Small Height

       → Cross Section Volume

우리는 〔그림〕 의 Volume을

〔그림〕 의 Volume으로 대신해서 구하게 되는 것이다.

다음의 그림을 보면서 이해하도록 하자.

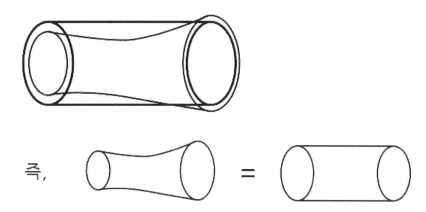

즉,

그러므로, Volume을 구하는 식은 다음과 같이 정해져 있다.

$$\text{Volume} = \int_a^b (Cross\ Section\ Area) \times (Small\ Height)$$
$$= dx \quad or \quad dy$$

여기에서 Cross section의 모양에 따라 다음과 같이 구분된다.

Volume
- ① Cross Section Volume
  - ⇒ Cross Section 모양이 문제마다 주어짐
- ② Revolution
  - Disk, Washer
  - Shell

⇒ Disk, Washer의 경우 Cross Section의 모양이 Circle로 고정되어 있으므로 문제마다 주어지지 않는다. Shell Method에 대해서는 AP Calculus Free Response Question 에서는 굳이 쓸 필요가 없으므로 여기에서는 생략하기로 한다.
본 교재에 자세히 설명해 두었다.

⇒ Disk, Washer의 경우 Cross Section 모양이 왜 Circle일까?
⇒ 이는 당연한 이야기이다.
아무것이나 돌리는 것을 정면에서 보면 모두 Circle로 보이게 되기 때문이다.

다음의 예제를 자세히 분석하면서 Volume을 쉽게 구하는 방법을 연구해 보자.

(Example)

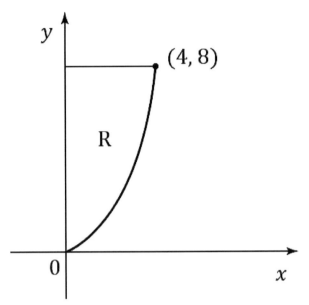

Let R be the region in the first quadrant bounded by the graph of $y = \dfrac{1}{2}x^2$, $y = 8$, and the $y-$
axis, as shown in the figure above.

(1) Find the area of R.

(2) Region R is the base of a solid. The cross section of the solid taken perpendicular to the
$x-$axis is a semicircle. Write, but do not evaluate, an integral expression that gives the volume
of the solid.

(3) Write, but do not evaluate, an integral expression that gives the volume of the solid
generated when R is rotated about the line $y = 9$.

(Solution)

(1) $R = \int_0^4 (8 - \frac{1}{2}x^2)dx$

$= \left[8x - \frac{1}{6}x^3 \right]_0^4 = 8 \cdot 4 - \frac{1}{6} \cdot 4^3 = 32 - \frac{32}{3} = \frac{64}{3}$

(2)

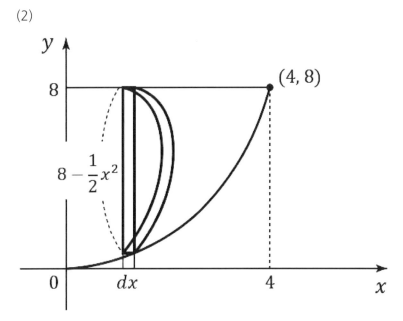

$$\text{Volume} = \int_0^4 \quad (of) \quad y \quad \boxed{\;} \quad (※ \; y = 8 - \frac{1}{2}x^2)$$

$$= \frac{1}{2} \cdot \pi \cdot \left(\frac{1}{2}y \right)^2 dx$$

$$= \underbrace{\frac{\pi}{8} \left(8 - \frac{1}{2}x^2 \right)^2}_{\text{Cross Section Area}} \cdot \underbrace{dx}_{\text{Height}}$$

그러므로, $\text{Volume} = \frac{\pi}{8} \int_0^4 (8 - \frac{1}{2}x^2)^2 dx = \frac{256}{15}\pi$

여기에서 원래의 Solid 모양은 다음과 같았을 것이다.

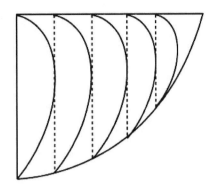

우리가 구한 Solid의 모양은 다음과 같다.

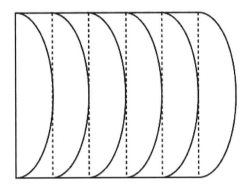

즉, 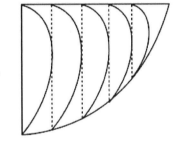 =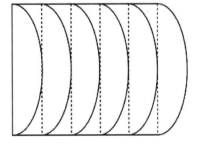

이 문제를 자세히 살펴보면,

① Perpendicular to the x-axis이므로 Height가 dx임을 알 수 있고

② Height가 dx이면 Cross Section Side 길이는 y임을 알 수 있으며

③ Cross Section 모양이 문제에서 주어짐으로써 Side 길이만 알아도 우리는 Cross Section의 Area를 알 수 있다.

Cross Section Volume은 다음과 같이 구한다.

① Height는 문제에서 주어진다. (dx or dy)
- Perpendicular to the $x-$axis $\cdots$ $= dx$
- Perpendicular to the $y-$axis $\cdots$ $= dy$
- Parallel to the $x-$axis $\cdots$ $= dy$
- Parallel to the $y-$axis $\cdots$ $= dx$

② Height가 결정되면 Cross Section Side 길이가 결정된다.
- Height가 dx $\Rightarrow$ Cross Section Side 길이는 y
- Height가 dy $\Rightarrow$ Cross Section Side 길이는 x

③ Cross Section의 모양이 문제에서 주어지기 때문에 다음과 같이 그림을 그려가면서 구한다.

$$\text{Volume} = \int_a^b (Cross\ Section\ Area) \times (Small\ Height)$$

- $\text{Volume} = \int_a^b ($ $\cdots)dx$

Square	Equilateral	Semicircle
y	y	y
$= y^2$	$= \dfrac{\sqrt{3}}{4}y^2$	$= \dfrac{\pi}{8}y^2$

- $\text{Volume} = \int_a^b ($ $\cdots)dy$

Square	Equilateral	Semicircle
x	x	x
$= x^2$	$= \dfrac{\sqrt{3}}{4}x^2$	$= \dfrac{\pi}{8}x^2$

(3) 회전축은 항상 $x-$axis or $y-$axis가 되게 한다. 회전축을 이동한다 하여도 Volume에는 변화가 없다.

$y = 9$가 회전축이므로 다음의 그림과 같이 전체를 y축으로 -9만큼 이동시킨다.

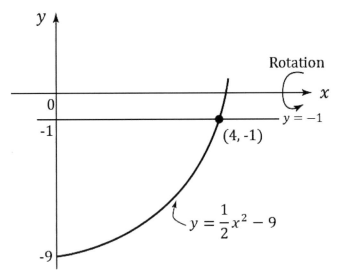

우리가 구하는 실제 Solid의 모양은 다음과 같다.

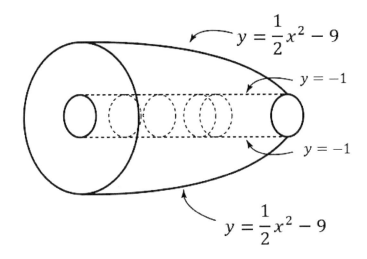

하지만 우리가 실제로 계산하게 되는 Solid의 모양은 다음과 같다.

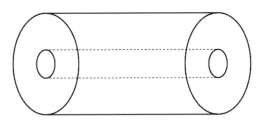

다음을 보자.

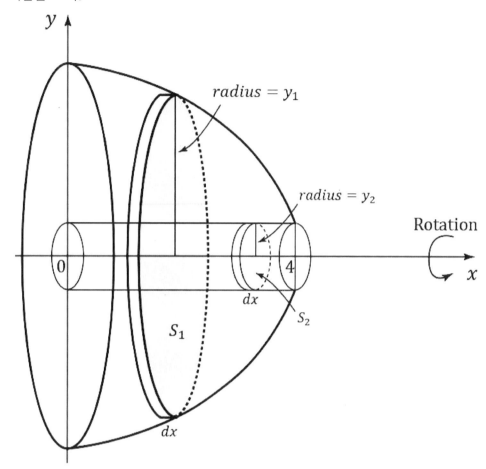

Volume $= \displaystyle\int_0^4 S_1 dx - \int_0^4 S_2 dx$

$\Rightarrow$ S_1과 S_2는 Circle의 Area이므로

Volume $= \displaystyle\int_0^4 \pi y_1{}^2 dx - \int_0^4 \pi y_2{}^2 dx = \pi \int_0^4 (y_1{}^2 - y_2{}^2) dx$

즉, Cylinder - Cylinder가 된다.

그러므로, Volume $= \pi \displaystyle\int_0^4 \left\{ (\frac{1}{2}x^2 - 9)^2 - (-1)^2 \right\} dx$가 된다.

이 문제를 통해서 알 수 있는 사실은

① 회전축은 무조건 $x-$axis or $y-$axis로 해야 한다.

② 회전축이 $x-$axis이면 Height는 dx가 되고 Circle의 radius는 y가 되며

회전축이 $y-$axis이면 Height는 dy가 되고 Circle의 radius는 x가 된다.

Revolution (Disk, Washer) Volume은 다음과 같이 구한다.

① x-axis 회전

$\Rightarrow$ Volume $= \pi \displaystyle\int_a^b (y_1^{\,2} - y_2^{\,2}) dx$

※ y_1은 회전했을 경우 바깥쪽 것이 된다.

만약 y_1과 y_2가 위치가 바뀌게 되면 Volume 값이 Negative가 된다.

이 문제의 경우를 보자.

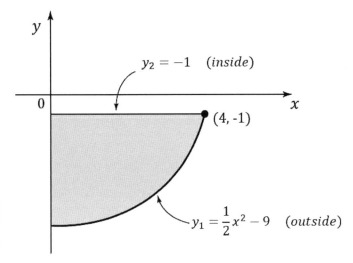

② y-axis 회전

$\Rightarrow$ Volume $= \pi \displaystyle\int_a^b (x_1^{\,2} - x_2^{\,2}) dy$

다음의 예를 보자.

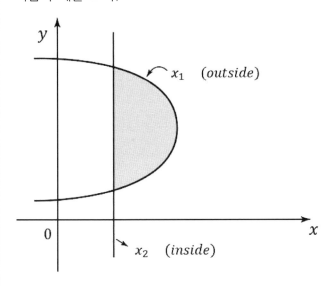

Exercise

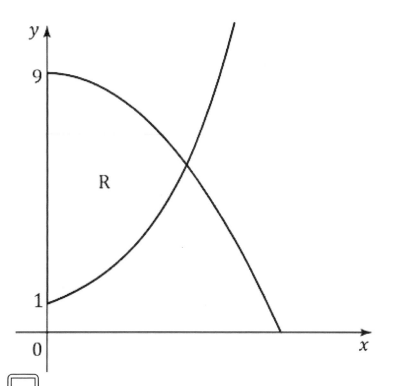

1. Let R be the shaded region bounded by the graphs of $y=-x^2+9$ and $y=e^x$ and $y-$ axis, as shown in the figure above.

(1) Find the area of R.

(2) The region R is the base of a solid. For this solid, each cross section perpendicular to the $x-$axis is a rectangle whose height is 4 times the length of its base in region R. Find the volume of this solid.

(3) Find the volume of the solid generated when R is revolved about the horizontal line $y=9$.

Solution

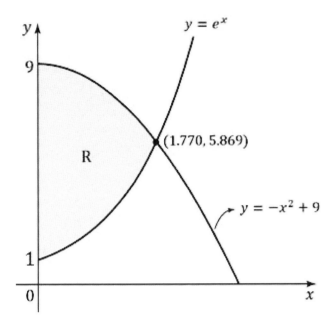

1.

(1) Area $R = \int_0^{1.770} (-x^2 + 9 - e^x) dx \approx 9.211$

(2)

Volume $= \int_0^{1.770} (\underbrace{\boxed{}}_{y} 4y) dx$

$= \int_0^{1.770} 4y^2 dx = 4 \int_0^{1.770} (-x^2 + 9 - e^x)^2 dx \approx 229.338$

(3) If moved to the direction of y-axis about -9, the rotational axis would be x-axis.

Volume $= \pi \int_0^{1.770} \{ (e^x - 9)^2 - (-x^2)^2 \} dx \approx 216.624$

⚡ Exercise

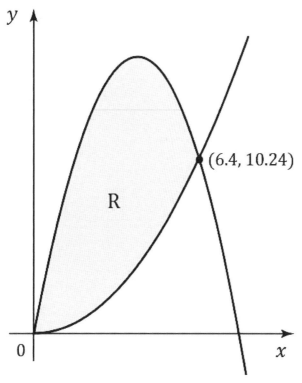

$(6.4, 10.24)$

R

2. Let R be the region in the first quadrant enclosed by the graphs of $f(x) = \frac{1}{4}x^2$ and $g(x) = -x(x-8)$, as shown in the figure above.

(1) Write, but do not evaluate, an integral expression for the volume of the solid generated when R is rotated about the $x-$axis.

(2) The region R is the base of a solid. For this solid, at each x the cross section perpendicular to the $x-$axis has area $A(x) = \cos(\frac{3\pi}{4}x)$. Write, but do not evaluate, an integral expression for the volume of the solid.

Solution

2.

(1) Volume $= \pi \int_0^{6.4} \left\{ (-x(x-8))^2 - (\frac{1}{4}x^2)^2 \right\} dx$

(2) Volume $= \int_0^{6.4} \cos(\frac{3\pi}{4}x) dx$

심선생의 주절주절....4

학생과 학부모님들 면담을 하다보면 본인들을 자랑하기에 바쁜 학부모님들과 학생들이 있다. 또한 수업을 하다 보면 수업은 듣지 않고 혼자 문제를 풀다가 본인이 모르는 것만 질문하던가 "선생님, 왜 꼭 그렇게 풀어야 하죠? 저는 이렇게 하는데.."..이런식으로 질문을 하는 학생들이 있다. 이런 부분에 대해 필자의 입장을 밝히고자 한다. 물론 다음과 같은 질문은 아주 좋은 예이다. " 선생님, 저는 이렇게도 해 보았는데 어떻게 생각하시는지요? 잘못된 점 있으면 알려 주세요!!"

유명한 축구선수인 손흥민, 메시, 호날두 같은 선수들의 자세를 보면 항상 겸손할 것이다. 본인들은 세계 최정상급 선수들임에도 항상 겸손한 자세를 취하는 이유는 본인들이 배울 것이 더 있다고 생각하기 때문이다. 경기에서 이기고 난 후 항상 그 공을 동료에게 돌린다. 왜일까?.....그저 립 서비스일까? 필자는 아니라고 본다. 더 배우려고 달려들기에 그들은 세계 최 정상급 선수들인 것이다. 이는 필자의 제자들을 통해서도 오랜 기간 입증이 되었다.

수업 중에 수업은 안 듣고 본인것에만 집중하는 학생은 이미 더 이상 올라갈 수 없는 학생이다. 남의 것을 받아들일 준비가 안 되어있고 오직 본인만의 세계에 빠져 있는 것이다. 이미 귀는 닫혀있는 상태로 수업에 참여를 하는데 이와 같은 행동은 학교에서도 이루어 지리라 확신이 든다. 미국교사들에게 이는 상당히 무례한 학생으로 보이기도 한다. 필자가 항상 수업중에 말하는 부분은 " 내가 푸는 방식이 여러분들것과 다른 부분이 있더라도 받아들여라. 여러분들이 공부하던 방식들 위에 더 붙여서 본인들의 실력을 업그레이드 시켜라"

어린아이가 6~7살이 되면 말이 안 통하고 본인의 고집만 강해질 시기이기도 하다. 그 이유는 아이가 아직 배운 것이 없기에 본인이 알고 있는 것이 전부라고 여기기 때문이다. 아이가 크면서 이런 고집이 없어지는 이유는 그 만큼 보고 듣고 배우는게 많아지기 때문이다.

학생들의 경우 평소 독서량이 많았던 학생들이 겸손한 태도를 많이 보이고 수업태도도 좋은 반면 그렇지 않았던 학생들이 수학 좀 배웠다고 본인의 고집대로만 공부를 하려고 한다. 책을 통해 많은 것을 받아 들여봤던 학생들과 그렇지 않은 학생들과이 차이라고 보여진다. 필자에게는 앞에서 말한 어린아이의 경우와 너무 흡사한 부분이 많아 보인다.

부모님들도 마찬가지이다. 우리 아이의 잘난점만 학원에 와서 홍보할게 아니라 아이가 아무리 잘하더라도 아이의 부족한 점 1%를 찾아서 개선시키려 노력을 해야 하는 것이다. 누구나 부족한 점은 있기에...

우연인지는 모르겠으나 필자의 제자들 중 미국 최고의 명문대에 진학한 학생들은 천재들이 아니였다. 모두 겸손한 학생들이었다. 문제풀이 실력이 뛰어난 학생들이 아니였다. 시간관리 철저하고 항상 도전적인 학생들이었으며 주위 친구들 선생들과 잘 어울리는 학생들이었다.

필자가 강조하고 싶은점이 있다.
"누구에게나 꿈은 이루어 진다!! 하지만 그 꿈을 이루기 위해서는 많은 노력도 필요하지만 나에게 부족한 1%를 찾아서 개선켜야 한다!! 1%를 찾아서 개선하려고 노력한다면 본인 스스로 겸손해 질 수 밖에 없다!!"

Topic 5

Motion

Position, Velocity, Acceleration 사이에 다음의 관계가 성립한다. 반드시 암기하여야 한다.

$$\text{Position, } P(t) \quad \xrightarrow[\text{Integral}]{\text{Differentiation}} \quad \text{Velocity, } V(t) \quad \xrightarrow[\text{Integral}]{\text{Differentiation}} \quad \text{Acceleration, } A(t)$$

여기에서 t는 time이고 Position, Velocity, Acceleration은 모두 Vector이므로 물체가 오른쪽과 위로 이동할 때가 Positive, 왼쪽과 아래로 이동할 때가 Negative가 된다.

다음과 같이 생각하면 Motion 파트의 문제들도 해결이 쉽게 된다. 이제부터는 Position을 $P(t)$, Velocity를 $V(t)$, Acceleration을 $A(t)$로 쓰기로 하겠다.

$$\underset{=f(t)}{P(t)} \quad \xleftarrow[\text{Integral}]{\text{Differentiation}} \quad \underset{=f'(t)}{V(t)} \quad \xleftarrow[\text{Integral}]{\text{Differentiation}} \quad \underset{=f''(t)}{A(t)}$$

"The Definition of Definite Integral"로부터

$$\int_{a}^{b} f'(t)dt = f(b) - f(a), \quad \int_{a}^{b} f''(t)dt = f'(b) - f'(a)$$

를 알고 있을 것이다. 이 식들을 반대로 써보자.

---

① **Position, Velocity, Acceleration의 관계**

$$\longrightarrow \quad \begin{cases} f(b) - f(a) = \displaystyle\int_{a}^{b} f'(t)dt \\[2em] P(b) - P(a) = \displaystyle\int_{a}^{b} V(t)dt \end{cases}$$

$$\longrightarrow \quad \begin{cases} f'(b) - f'(a) = \displaystyle\int_{a}^{b} f''(t)dt \\[2em] V(b) - V(a) = \displaystyle\int_{a}^{b} A(t)dt \end{cases}$$

② Speed

- Speed $=|$ Velocity $|$

- Speed는 Velocity와 Acceleration의
  작용 방향 (Sign)이 같으면 Increasing 하고
  작용 방향 (Sign)이 다르면 Decreasing 한다.

③ Total Distance

다음을 보자.

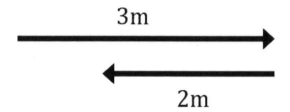

위의 그림에서 Total Distance는 5m가 된다.

$$\Rightarrow \text{Total Distance} = \int_a^b \underbrace{|\text{Velocity}|}_{= \text{Speed}}$$

$$\Rightarrow \text{Total Distance} = \int_a^b (\text{Speed}) dt$$

④ Vector

Position, Velocity, Acceleration은 모두 Vector이다.
Right와 Up으로의 이동이 Positive이고, Left와 Down으로의 이동이 Negative가 된다.

다음을 보자.

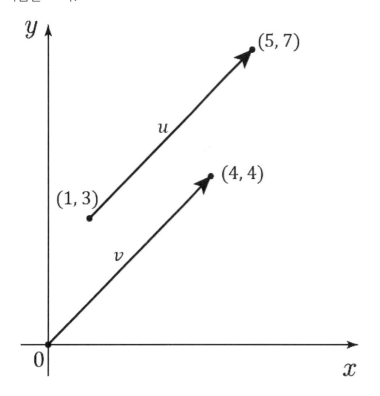

위의 그림에서 Vector u의 Initial point는 $(1, 3)$이고 Terminal point는 $(5, 7)$이다. Vector v의 Initial point는 Origin이고 Terminal point는 $(4, 4)$이다. Vector u와 v는 Direction과 Magnitude가 같으므로 같은 Vector이다.

이때, 우리는 다음과 같이 쓰는데 이를 "Component Form"이라 한다.

Component Form

$V = <a, b>$, $|V|$: Magnitude
$\Rightarrow$ Initial Point가 Origin
$\Rightarrow$ Terminal Point가 (a, b)

다음의 Example을 보자.

(Example)
If $v = <1, 2>$, then $|v| =$

(Solution)

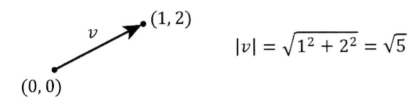

$$|v| = \sqrt{1^2 + 2^2} = \sqrt{5}$$

즉, Position $P(t)$, Velocity $V(t)$, Acceleration $A(t)$는 모두 Vector이므로 다음과 같이 Component Form으로 쓸 수 있으며 이렇게 Component Form으로 썼을 때 문제 해결이 훨씬 수월하다.

① $P(t) = <x(t), \ y(t)>$
② $V(t) = <x'(t), \ y'(t)>$
③ $A(t) = <x''(t), \ y''(t)>$

위의 ①, ②, ③으로부터 다음의 내용을 확인할 수 있다.

- Speed $= |V(t)| = \sqrt{(x'(t))^2 + (y'(t))^2}$
- Total Distance $= \displaystyle\int_a^b |V| \, dt = \int_a^b (\text{speed}) dt$

$$= \int_a^b \sqrt{(x'(t))^2 + (y'(t))^2} \, dt$$

(Example)

An object moving along a curve in the xy-plane has position $(x(t), y(t))$ at time $t \geq 0$ with $\dfrac{dx}{dt} = 1 + \sin(t^2)$ and $\dfrac{dy}{dt} = 3$. At time $t = 1$, the object is at position $(-2, 9)$.

(1) Find the x-coordinate of the position of the object at time $t = 5$.

(2) Find the speed of the object at time $t = 5$.

(3) Find the total distance by the object for $1 \leq t \leq 5$.

(Solution)

(1) $\left[\begin{array}{l} f(5) - f(1) = \displaystyle\int_1^5 f'(t)dt \\[2mm] x(5) - x(1) = \displaystyle\int_1^5 V(t)dt \end{array}\right.$

$\Rightarrow x(5) = -2 + \displaystyle\int_1^5 (1 + \sin(t^2))dt \approx 2.218$

(2) Let $V = \langle 1 + \sin(t^2),\ 3 \rangle$, then Speed $= \sqrt{(1 + \sin(25))^2 + 3^2} \approx 3.123$

(3) Total distance $= \displaystyle\int_1^5 \sqrt{(1 + \sin(t^2))^2 + 3^2}\, dt \approx 13.014$

404

Exercise

1. An object moving along a curve in the xy−plane is at position $(x(t), y(t))$ at time t, where $\dfrac{dx}{dt} = t - 3$ and $\dfrac{dy}{dt} = \sin(t^2 + t)$ for $t \geq 0$. At time $t = 10$, the object is at the point $(-4, 1)$.

(1) Find the acceleration vector and the speed of the object at time $t = 7$.

(2) The curve has a vertical tangent line at one point. At what time t is the object at this point?

(3) Find the y−coordinate of the position of the object at time $t = 5$.

🔔 Solution

1. Velocity vector $= <t-3,\ \sin(t^2+t)>$. Then,

(1) Acceleration vector $= <1,\ 12.798>$

Speed $= \sqrt{4^2 + \sin^2 56} \approx 4.034$

(2) Vertical tangent line $\Rightarrow \dfrac{dx}{dt} = 0$

Therefore, $t = 3$.

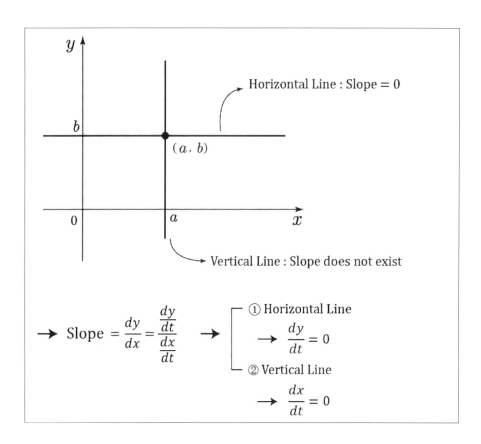

(3) $\left[\begin{aligned} f(10) - f(5) &= \int_5^{10} f'(t)\,dt \\ y(10) - y(5) &= \int_5^{10} \sin(t^2+t)\,dt \end{aligned} \right.$

$\Rightarrow y(5) = 1 - \int_5^{10} \sin(t^2+t)\,dt \approx 0.940$

Exercise

2. At time t, a particle moving in the xy-plane is at position $(x(t), y(t))$, where $x(t)$ and $y(t)$ are not explicitly given. For $t \geq 0$, $\dfrac{dx}{dt} = 2t+1$ and $\dfrac{dy}{dx} = \cos(2t)$. At time $t = 0$, $x(0) = 1$ and $y(0) = -1$.

(1) Find the slope of the line tangent to the path of the particle at time $t = 2$.

(2) Find the x-coordinate of the position of the particle at time $t = 5$.

(3) Find the total distance traveled by the particle over the time interval $0 \leq t \leq 4$.

Solution

2.

(1) Slope $= \dfrac{dy}{dx} = \dfrac{\dfrac{dy}{dt}}{\dfrac{dx}{dt}} = \dfrac{\cos(4)}{5} \approx -0.131$

(2) $\begin{cases} f(5) - f(0) = \displaystyle\int_0^5 f'(t)dt \\ x(5) - x(0) = \displaystyle\int_0^5 V(t)dt \end{cases}$

$\Rightarrow x(5) = 1 + \displaystyle\int_0^5 (2t + 1)dt = 31$

(3) Total distance $= \displaystyle\int_0^4 \sqrt{(2t+1)^2 + \cos^2(2t)}\, dt \approx 20.276$

Topic 6

Differential Equation

&

Euler's Method

"Differential Equation"의 내용은 다음의 Example을 통해 확인해 보자.

(Example)

Consider the differential equation $\dfrac{dy}{dx} = \dfrac{x}{2y}$

(1) On the axes provided, sketch a slope field for the given differential equation at the twelve points indicated.

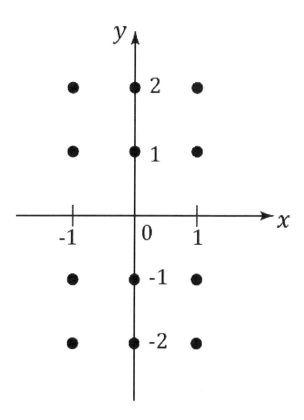

(2) Find the particular solution $y = f(x)$ to the given differential equation with the initial condition $f(2) = -3$.

(Solution)

(1)

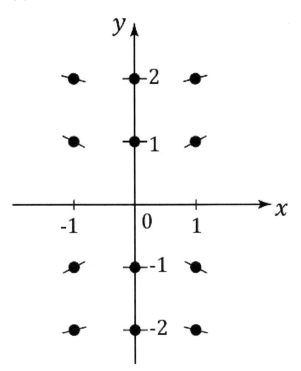

(2)
① 같은 Variable끼리 모은 후 양변에 Integral을 한다.

② $\displaystyle\int 2y\,dy = \int x\,dx$

$\Rightarrow y^2 = \dfrac{1}{2}x^2 + C$

(※ $+C$ 는 우변에 한 번만 써준다.)

③ Initial Condition 대입!

$(-3)^2 = \dfrac{1}{2}\cdot 2^2 + C \qquad \Rightarrow C = 7$

그러므로, $y^2 = \dfrac{1}{2}x^2 + 7$에서 $y = \pm\sqrt{\dfrac{1}{2}x^2 + 7}$

④ Initial Condition으로 $+$인지 $-$인지 결정한다.

$-3 = \pm\sqrt{\dfrac{1}{2}\cdot 2^2 + 7}$ 에서 $-$가 답!

그러므로, 정답은 $y = -\sqrt{\dfrac{1}{2}x^2 + 7}$

Euler's Method

Multiple Choice Questions Topic 25에서의 내용과 같다. 다음의 공식을 암기하여 (Example)처럼 Table을 작성하면 된다.

Euler's Method

- $x_n = x_{n-1} + \Delta x$
- $y_n = y_{n-1} + \Delta x (y_{n-1})'$

(Example)

Let $y = f(x)$ be the solution to the differential equation $\dfrac{dy}{dx} = 2x - y + 3$ with the initial condition $f(0) = 2$. Use Euler's method, starting at $x = 1$ with two steps of equal size, to approximate $f(2)$. Show the work that leads to your answer.

(Solution)

$y' = 2x - y + 3$이므로 다음과 같이 Table을 작성한다.

	x	y
P_0	$x_0 = 0$	$y_0 = 2$
P_1	$x_1 = 1$	$y_1 = y_0 + \Delta x (y_0)'$ ($※$ $y_0' = 2x_0 - y_0 + 3$) $\Rightarrow y_1 = 2 + 1 \cdot (1) = 3$
P_2	$x_2 = 2$	$y_2 = y_1 + \Delta x (y_1)'$ ($※$ $y_1' = 2x_1 - y_1 + 3$) $\Rightarrow y_2 = 3 + 1 \cdot 2 = 5$

이렇게 Table까지 작성해주면 작업 과정까지 모두 보여주게 되는 것이다.

⚡ Exercise

1. Consider the differential equation $\dfrac{dy}{dx} = 5 - 2y$. Let $y = f(x)$ be the particular solution to this differential equation with the initial condition $f(0) = 0$.

(1) Use Euler's method, starting at $x = 0$ with two steps of equal size, to approximate $f(1)$. Show the work that leads to your answer.

(2) Find the particular solution $y = f(x)$ to the differential equation $\dfrac{dy}{dx} = 5 - 2y$ with the initial condition $f(0) = 0$.

Solution

1.

(1)

	x	y
P_0	$x_0 = 0$	$y_0 = 0$
P_1	$x_1 = \dfrac{1}{2}$	$y_1 = y_0 + \Delta x (y_0)'$ $\Rightarrow y_1 = 0 + \dfrac{1}{2} \cdot 5 = \dfrac{5}{2}$
P_2	$x_2 = 1$	$y_2 = y_1 + \Delta x (y_1)'$ $\Rightarrow y_2 = \dfrac{5}{2} + \dfrac{1}{2} \cdot 0 = \dfrac{5}{2}$

(2)

$$\frac{1}{5-2y}dy = dx \Rightarrow \int \frac{1}{5-2y}dy = \int dx$$

$$\Rightarrow 5 - 2y = u, \ -2 = \frac{du}{dy} \Rightarrow -\frac{1}{2}\int \frac{1}{u}du = x + C$$

$$\Rightarrow -\frac{1}{2}\ln|5-2y| = x + C \Rightarrow -\frac{1}{2}\ln 5 = C$$

$$\Rightarrow -\frac{1}{2}\ln|5-2y| = x - \frac{1}{2}\ln 5 \Rightarrow \ln|5-2y| = -2x + \ln 5$$

$$\Rightarrow |5-2y| = e^{-2x} \cdot e^{\ln 5} \Rightarrow 5 - 2y = \pm 5e^{-2x}$$

$\Rightarrow$ If substitute $(0, 0)$, $5 = \pm 5$, therefore $+$ is the answer.

Therefore, from $5 - 2y = 5e^{-2x}$, $2y = 5 - 5e^{-2x}$.

$$\therefore \ y = \frac{5}{2} - \frac{5}{2}e^{-2x}$$

⚡ Exercise

2. Consider the differential equation $\dfrac{dy}{dx} = x^2 + y + 2$. Let $y = f(x)$ be the particular solution to this differential equation with the initial condition $f(1) = 2$.

(1) Evaluate $\dfrac{dy}{dx}$ and $\dfrac{d^2y}{dx^2}$ at $(1,\ 2)$.

(2) Find the second-degree Taylor polynomial for f about $x = 1$.

(3) Use Euler's method, starting at $x = 1$ with two steps of equal size, to approximate $f(2)$. Show the work that leads to your answer.

 **Solution**

2.
(1)
$$\left.\frac{dy}{dx}\right|_{(1,\,2)} = 1^2 + 2 + 2 = 5$$

$$\frac{d^2y}{dx^2} = \frac{d}{dx}\frac{dy}{dx} = \frac{d}{dx}(x^2 + y + 2) = 2x + \frac{dy}{dx}$$

$$= 2x + x^2 + y + 2$$

Therefore, when $x = 1$, $y = 2$, $2 + 1 + 2 + 2 = 7$.

(2)

From $f(x) = f(1) + f'(1)(x-1) + \dfrac{f''(1)}{2!}(x-1)^2$,

$$f(x) = 2 + 5(x-1) + \frac{7}{2!}(x-1)^2$$

(3)

	x	y
P_0	$x_0 = 1$	$y_0 = 2$
P_1	$x_1 = \dfrac{3}{2}$	$y_1 = y_0 + \Delta x(y_0)'$ $\Rightarrow y_1 = 2 + \dfrac{1}{2} \cdot 5 = \dfrac{9}{2}$
P_2	$x_2 = 2$	$y_2 = y_1 + \Delta x(y_1)'$ $\Rightarrow y_2 = \dfrac{9}{2} + \dfrac{1}{2}\left(\dfrac{9}{4} + \dfrac{9}{2} + 2\right) = \dfrac{71}{8}$

Topic 7

Polar Curve

이미 Polar Curve의 내용은 Multiple Choice Questions 〈Topic 22〉에서 다루었다. 같은 내용이라도 한 번 더 복습하고 Free Response Questions를 풀어보자.

Rectangular Coordinate는 (x, y)로 표현이 되고 이를 (r, θ)로 표현하는 것이 Polar Coordinate이다.

다음의 그림을 보자.

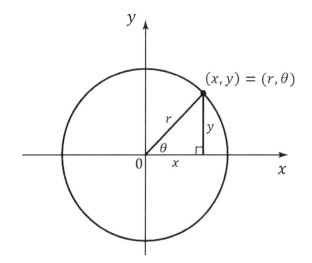

반드시 알아 두자!

- $x^2 + y^2 = r^2$
- $y = r\sin\theta$
- $x = r\cos\theta$

※ 이 조건은 문제에서 주어지지 않으므로 x를 $r\cos\theta$로, y를 $r\sin\theta$로 자연스럽게 바꿀 수 있어야 한다.

① Slope

- Slope $= \dfrac{dy}{dx} = \dfrac{\dfrac{dy}{d\theta}}{\dfrac{dx}{d\theta}}$

② Area

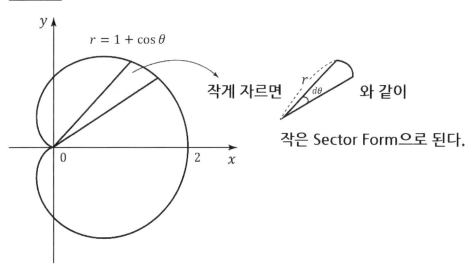

작게 자르면 와 같이

작은 Sector Form으로 된다.

$$\int_{0}^{2\pi} \quad \text{(of)} \quad \frac{1}{2}r^2 d\theta$$

$$\underline{} \qquad \qquad \overline{\text{Small Sector Form}}$$

$= \boxed{S}\text{um} + \boxed{I}\text{ntegration}$

$= S + I = \int$

$= \int_{0}^{2\pi} \frac{1}{2}r^2 d\theta$ (즉, Small Sector Form을 많이 더하기)

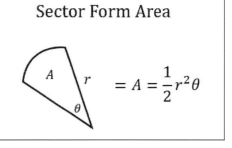

Sector Form Area

$= A = \frac{1}{2}r^2\theta$

다음의 그림을 보자.

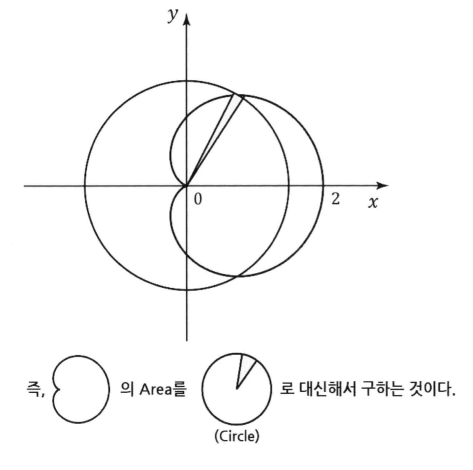

즉, $\{$ 의 Area를 (Circle) 로 대신해서 구하는 것이다.

두 Polar Curve 사이의 $\theta = \dfrac{\pi}{6}$ 에서의 Distance를 D 라고 하면, 다음과 같다.

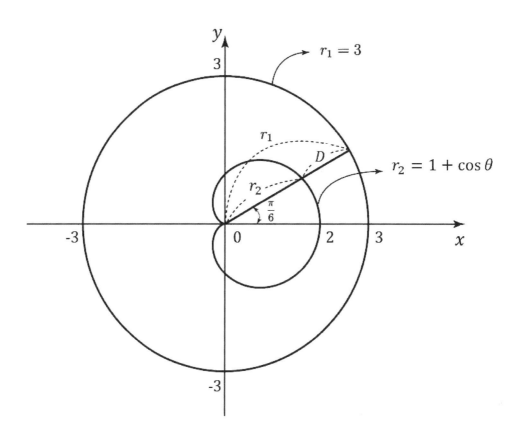

$\Rightarrow\ D = r_1 - r_2 = 3 - (1 + \cos\theta) = 2 - \cos\theta$

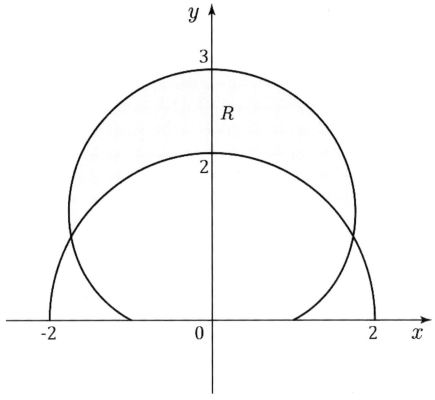

(Example)

The graph of the polar curve $r=2$ and $r=1+2\sin\theta$ are shown in the figure above for $0 \leq \theta \leq \pi$.

(1) Let R be the shaded region that is inside the graph of $r=1+2\sin\theta$ and outside the graph of $r=2$. Find the area of R.

(2) For the curve $r=1+2\sin\theta$, find the line tangent equation at $\theta=0$.

(3) The distance between the two curves changes for $\dfrac{\pi}{2}<\theta<\pi$. Find the rate at which the distance between the two curves is changing with respect to θ when $\theta=\dfrac{2}{3}\pi$.

421

(Solution)

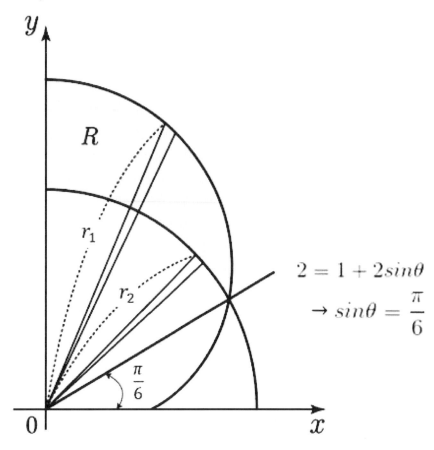

$2 = 1 + 2sin\theta$

$\rightarrow sin\theta = \dfrac{\pi}{6}$

(1) Like in the figure above, obtain the area for $\dfrac{\pi}{6} \leq \theta \leq \dfrac{\pi}{2}$, and double them.

Area $R = \displaystyle\int_{\frac{\pi}{6}}^{\frac{\pi}{2}} \dfrac{1}{2} r_1{}^2 d\theta - \int_{\frac{\pi}{6}}^{\frac{\pi}{2}} \dfrac{1}{2} r_2{}^2 d\theta$

Therefore, total area $R = 2 \cdot \dfrac{1}{2} \displaystyle\int_{\frac{\pi}{6}}^{\frac{\pi}{2}} \{(1+2sin\theta)^2 - 2^2)\} d\theta \approx 3.283$

(2) $x = r\cos\theta = (1+2sin\theta) \cdot \cos\theta$, $y = r\sin\theta = (1+2sin\theta) \cdot \sin\theta$

① Slope $= \dfrac{dy}{dx} = \dfrac{\dfrac{dy}{d\theta}}{\dfrac{dx}{d\theta}} = \dfrac{2\cos\theta\sin\theta + (1+2sin\theta)\cos\theta}{2\cos\theta\cos\theta - (1+2sin\theta)\sin\theta} = \dfrac{1}{2}$

② When $\theta = 0$, $x = 1$ and $y = 0$.

Therefore, the line tangent equation is $y = \dfrac{1}{2}(x-1)$.

(3) Let the distance between two curves as D.

Then, $D = 1 + 2\sin\theta - 2 \Rightarrow D = 2\sin\theta - 1$

Therefore, $\dfrac{dD}{d\theta} = 2\cos\theta = 2\cos\dfrac{2\pi}{3} = -1$

Exercise

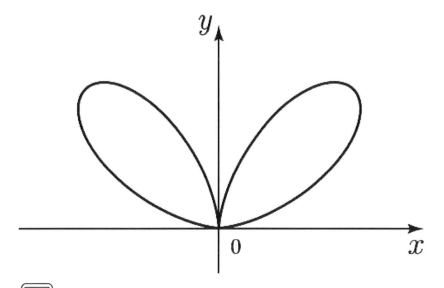

1. The curve above is drawn in the xy-plane and is described by the equation in polar coordinates $r = \sin^2(2\theta)$ for $0 \le \theta \le \pi$.

(1) Find the shaded area bounded by the curve.

(2) Find the x-coordinate at $\theta = \dfrac{\pi}{3}$.

(3) Find the angle θ that the curve has a vertical tangent line for $0 < \theta < \dfrac{\pi}{4}$.

Solution

1.

(1) Area $= \displaystyle\int_0^\pi \frac{1}{2} r^2 d\theta = \frac{1}{2} \int_0^\pi \sin^4(2\theta)d\theta \approx 0.589$

(2) $x = r\cos\theta \implies x = \sin^2(2\theta) \cdot \cos\theta$

$\implies x = \sin^2(\dfrac{2\pi}{3}) \cdot \cos(\dfrac{\pi}{3}) = 0.375$

(3) Vertical tangent $\implies \dfrac{dx}{d\theta} = 0$

$\implies \dfrac{dx}{d\theta} = 2\sin(2\theta) \cdot \cos(2\theta) \cdot 2 \cdot \cos\theta - \sin^2(2\theta)\sin\theta = 0$

$\implies 4\sin(2\theta)\cos(2\theta) \cdot \cos\theta - \sin^2(2\theta)\sin\theta = 0$

$\implies \theta = 0.685$

Exercise

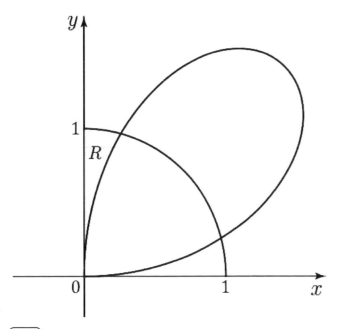

2. The graph of the polar curve $r = 1$ and $r = 2\sin(2\theta)$ are shown in the figure above for $0 \le \theta \le \dfrac{\pi}{2}$.

(1) Let R be the shaded region that is inside the graph of $r = 1$ and inside the graph of $r = 2\sin(2\theta)$. Find the area of R.

(2) The distance between the two curves changes for $0 < \theta < \dfrac{\pi}{2}$. Find the rate at which the distance between the two curves is changing with respect to θ when $\theta = \dfrac{\pi}{3}$.

(3) A particle moves along the polar curve $r = 2\sin(2\theta)$ so that at time t seconds, $\theta = t$. Find the position vector in terms of t.

Solution

2.

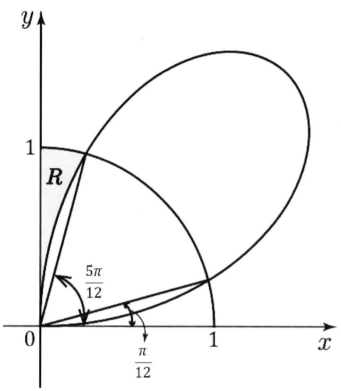

$$1 = 2\sin(2\theta) \implies \sin(2\theta) = \frac{1}{2} \implies 2\theta = \frac{\pi}{6}, \frac{5\pi}{6} \implies \theta = \frac{\pi}{12}, \frac{5\pi}{12}$$

(1) Area $R = \int_{\frac{5\pi}{12}}^{\frac{\pi}{2}} \frac{1}{2} \cdot 1^2 d\theta - \int_{\frac{5\pi}{12}}^{\frac{\pi}{2}} \frac{1}{2} \cdot 4\sin^2(2\theta) d\theta \approx 0.086$

(2) When $\theta = \frac{\pi}{3}$, let the distance between two curves as D, then

$$D = 2\sin(2\theta) - 1 \implies \frac{dD}{d\theta} = 4\cos(2\theta) = 4\cos\frac{2\pi}{3} = 4(-\frac{1}{2}) = -2$$

(3) $x = r\cos\theta$, $y = r\sin\theta$, and since $r = 2\sin(2\theta)$, $\theta = t$,
therefore $x = 2\sin(2t)\cos t$, $y = 2\sin(2t)\sin t$

Therefore, Position vector $= <2\sin(2t)\cos t, 2\sin(2t)\sin t>$

심선생의 주절주절....5

학생들과 학부모님들을 면담하다 보면 이런 질문을 많이 받는다.
"우리 아이는 문과로 갈 것인데 꼭 AP Calculus BC를 할 필요가 있을까요?"

필자의 대답은 늘 한결같다.
"그것은 학생이 선택하기 나름입니다. AB를 하시든지 BC를 하시든지 상관없습니다"

무조건 BC를 공부하였다 하여 유리한 걸까?

사실 유리한 면이 있기는 하지만 AB를 했다고 하여 좋은 대학에 못 가는 것도 아니다.
모두가 진학하고 싶어 하는 미국의 탑 대학들의 합격생들을 봐도 모두 AP Calculus BC를 한 것은
아니었다. AB를 수강하고 시험 본 학생들도 상당히 많았다.

필자 생각에 BC를 공부했다면 유리한 점은 좀 더 도전적인 공부를 선택한 학생으로 보일 것 같다.
하지만 더 중요한 것은 문과 이과를 떠나서 본인이 도전적으로 공부할 수 있는 것은 최대한
공부하여 대학에 진학하는 것이 옳지 않을까....... 라는 생각이 든다.

무엇을 하고 안 하고를 떠나서 도전적인 학생이 원하는 대학에 진학한다.
어렵다고 피하기보다는 도전적인 자세로 정면 돌파를 해보자!!

이는 AP Calculus뿐만 아니라 다른 과목들.... 그리고 여러 대회.......
모두 도전적인 자세로 자신감을 가지고 도전해 보자!!

Topic 8

Series

$$\Longrightarrow f(x) = f(a) + f'(a)(x-a) + \frac{f''(a)}{2!}(x-a)^2 + \frac{f'''(a)}{3!}(x-a)^3 + \cdots + \boxed{\frac{f^{(n)}(a)}{n!}(x-a)^n} + \cdots$$

- General Term $= a_n$
- Coefficient $= \dfrac{f^{(n)}(a)}{n!}$

② **Taylor's Series about** $x = 0$ **(Maclaurin's Series)**

$$\Longrightarrow f(x) = f(0) + f'(0)x + \frac{f''(0)}{2!}x^2 + \frac{f'''(0)}{3!}x^3 + \cdots + \boxed{\frac{f^{(n)}(0)}{n!}x^n} + \cdots$$

- General Term $= a_n$
- Coefficient $= \dfrac{f^{(n)}(0)}{n!}$

위의 ①, ②는 반드시 외워야 한다. 특히 ② Taylor's Series about $x = 0$ (Maclaurin Series)의 경우 다음의 "Common Maclaurin Series"를 암기하면 쉽게 해결되는 경우가 많다. 즉, $f'(0)$, $f''(0)$, $f'''(0)$ 등을 찾기가 너무 복잡하다고 여겨지는 문제들은 다음의 5가지 "Common Maclaurin Series"로 해결이 되는지 우선 눈여겨봐야 한다.

Common Maclaurin Series

- $\sin x = x - \dfrac{1}{3!}x^3 + \dfrac{1}{5!}x^5 - \dfrac{1}{7!}x^7 + \cdots$

- $\cos x = 1 - \dfrac{1}{2!}x^2 + \dfrac{1}{4!}x^4 - \dfrac{1}{6!}x^6 + \cdots$

- $e^x = 1 + x + \dfrac{1}{2!}x^2 + \dfrac{1}{3!}x^3 + \dfrac{1}{4!}x^4 + \cdots$

- $\ln(1+x) = x - \dfrac{1}{2}x^2 + \dfrac{1}{3}x^3 - \dfrac{1}{4}x^4 + \cdots$

- $\tan^{-1}x = x - \dfrac{1}{3}x^3 + \dfrac{1}{5}x^5 - \dfrac{1}{7}x^7 + \cdots$

③ **Lagrange Error Bound**

⇒ Exact Value를 $f(x)$, Approximation을 $P(x)$, Remainder를 $R(x)$라고 할 때,

$$|f_n(x) - P_n(x)| = |R_n(x)| \leq \frac{|M|}{(n+1)!} \cdot (x-a)^{n+1}$$

※ $|M|$은 Maximum Value인데 주어진 범위 내에서 정확한 Maximum Value라기보다는 대략적인 Maximum Value이다. 예를 들어, $\sin x$의 Maximum은 1이지만 $0 \leq x \leq \frac{\pi}{4}$ 범위에서는 $\frac{\sqrt{2}}{2}$이다. 하지만, 보통 이렇게 Maximum Value가 확실한 경우가 아니라면 주어진 범위에 상관없이 1을 쓰게 된다. 그 이유는 우리는 정확한 Value를 찾는 것이 아니고 우리가 구한 값의 Error가 어느 범위 내에 있는지 정도만 찾기 때문이다.

④ **Alternating Series with Error Bound**

⇒ n을 n번째 term이라고 하고 $f(x)$를 Exact Value, $P(x)$를 Approximation이라고 할 때,
$$|f_n(x) - P_n(x)| = |R_n(x)| < |a_{n+1}|$$

> **Proof**

① $\underbrace{\sum_{n=1}^{\infty} \frac{(-1)^{n+1}}{n}}_{\substack{\text{Exact} \\ \text{Value}}} = \underbrace{1 - \frac{1}{2} + \frac{1}{3} - \frac{1}{4}}_{\substack{\text{Approximate} \\ \text{Value} = P_4(x)}} + \underbrace{\frac{1}{5} - \frac{1}{6} + \frac{1}{7} - \frac{1}{8} + \frac{1}{9} - \cdots}_{\substack{\text{Remainder} \\ = R_4(x)}}$

$\longrightarrow R_4(x) = \underbrace{\boxed{\frac{1}{5}}}_{= a_5} - \underbrace{\left(\frac{1}{6} - \frac{1}{7}\right)}_{\substack{= \text{Positive} \\ \text{Value}}} - \underbrace{\left(\frac{1}{8} - \frac{1}{9}\right)}_{\substack{= \text{Positive} \\ \text{Value}}}$

$\longrightarrow R_4(x) < \underbrace{\left|\frac{1}{5}\right|}_{= a_5}$

② $\displaystyle\sum_{n=1}^{\infty} \frac{(-1)^n}{n} = \underbrace{-1}_{\substack{\text{Exact} \\ \text{Value}}} + \underbrace{\frac{1}{2} - \frac{1}{3} + \frac{1}{4}}_{\substack{\text{Approximate} \\ \text{Value} = P_4(x)}} \underbrace{- \frac{1}{5} + \frac{1}{6} - \frac{1}{7} + \frac{1}{8} - \frac{1}{9} + \cdots}_{\substack{\text{Remainder} \\ = R_4(x)}}$

$\longrightarrow R_4(x) = \underbrace{\boxed{-\frac{1}{5}}}_{= a_5} + \underbrace{\left(\frac{1}{6} - \frac{1}{7}\right)}_{\substack{= \text{Positive} \\ \text{Value}}} + \underbrace{\left(\frac{1}{8} - \frac{1}{9}\right)}_{\substack{= \text{Positive} \\ \text{Value}}}$

$\longrightarrow R_4(x) > -\frac{1}{5} \qquad \longrightarrow |R_4(x)| < \left| -\frac{1}{5} \right|$

그러므로, $f(x)$를 Exact Value, $P(x)$를 Approximation이라고 하면 $|f_n(x) - P_n(x)| < |a_{n+1}|$의 식이 성립하게 된다.

(Example)

The function f has a Taylor series about $x=3$ that converges to $f(x)$ for all x in the interval of convergence. The nth derivative of f at $x=3$ is given by $f^{(n)}(3)=\dfrac{n!}{2^n}$ for $n \geq 0$.

(1) Write the first for terms and the general term of the Taylor series for f about $x=3$.

(2) Find the radius of convergence for the Taylor series for f about $x=3$. Show the work that leads to your answer.

(3) Let g be a function satisfying $g(3)=1$ and $g'(x)=f(x)$ for all x. Write the first four terms of the Taylor series for g about $x=3$.

(Solution)

(1) Taylor series about $x = 3$

$$\Rightarrow f(x) = f^{(0)}(3) + f^{(1)}(3)(x-3) + \frac{f^{(2)}(3)}{2!}(x-3)^2 + \frac{f^{(3)}(3)}{3!}(x-3)^3 + \cdots$$

① When $n = 0$, $f^{(0)}(3) = \frac{0!}{2^0} = 1$ (※ $0 \neq 1$)

② When $n = 1$, $f^{(1)}(3) = \frac{1}{2}$

③ When $n = 2$, $f^{(2)}(3) = \frac{2!}{2^2} = \frac{1}{2}$

④ When $n = 3$, $f^{(3)}(3) = \frac{3!}{2^3} = \frac{6}{8} = \frac{3}{4}$

$$\therefore f(x) = 1 + \frac{1}{2}(x-3) + \frac{1}{4}(x-3)^2 + \frac{1}{8}(x-3)^3 + \cdots + \frac{1}{2^n}(x-3)^n + \cdots$$

> ※ General Term의 경우 $n = 0, 1, 2, 3, \cdots$를 대입한 결과와 Series의 결과가 같으면 정답이 된다.

(2) First, find the general term.

$a_n = \frac{f^{(n)}(3)}{n!}(x-3)^n$, therefore $a_n = \frac{1}{2^n}(x-3)^n$

$$\lim_{n \to \infty} \left| \frac{\frac{(x-3)^n \cdot (x-3)}{2^n \cdot 2}}{\frac{(x-3)^n}{2^n}} \right| = \lim_{n \to \infty} \left| \frac{x-3}{2} \right| < 1 \Rightarrow |x-3| < 2$$

The radius of convergence is 2.

or $-2 < x - 3 < 2 \Rightarrow 1 < x < 5 \Rightarrow \frac{5-1}{2} = 2$.

(3)

① $g^{(0)}(3) = 1$

② $g^{(1)}(3) = f^{(0)}(3) = 1$

③ $g^{(2)}(3) = f^{(1)}(3) = \frac{1}{2}$

④ $g^{(3)}(3) = f^{(2)}(3) = \frac{1}{2}$

$$g(x) = 1 + (x-3) + \frac{1}{4}(x-3)^2 + \frac{1}{12}(x-3)^3$$

Exercise

1. Let f be the function given by $f(x) = \sin x^2$.

(1) Write the first four nonzero terms and general term of the Taylor series for f about $x = 0$.

(2) Write the first four nonzero terms of the Taylor series for $\displaystyle\int_0^x \sin t^2 dt$ about $x = 0$.

(3) Show that the approximation found in part(1) is within $\dfrac{1}{8!}$ of the exact value of $f(1)$.

Solution

1.

(1) $\sin x = x - \dfrac{1}{3!}x^3 + \dfrac{1}{5!}x^5 - \dfrac{1}{7!}x^7 + \cdots$

$\Rightarrow \sin x^2 = x^2 - \dfrac{1}{3!}x^6 + \dfrac{1}{5!}x^{10} - \dfrac{1}{7!}x^{14} + \cdots + \dfrac{(-1)^n \cdot x^{4n+2}}{(2n+1)!} + \cdots$

> ※ General Term의 경우 $n = 0,\ 1,\ 2,\ 3, \cdots$을 대입하여 Series의 결과와 같으면 되는 것이다. 예를 들어, Denominator의 경우 1!, 3!, 5!, 7! 이므로 Arithmetic Sequence Formula를 이용하여 General Term을 구해보면 $(2n-1)!$이 되지만 $n = 0$을 대입해 보면 $(-1)!$이 되므로 first term과 맞지 않는다. 그러므로 $(2n+1)!$로 쓰는 것이다.

---

(2) $\displaystyle \int_0^x \sin t^2 dt = \int_0^x \left(t^2 - \dfrac{1}{3!}t^6 + \dfrac{1}{5!}t^{10} - \dfrac{1}{7!}t^{14} + \cdots \right) dt$

$= \left[\dfrac{1}{3}t^3 - \dfrac{1}{7 \cdot 3!}t^7 + \dfrac{1}{11 \cdot 5!}t^{11} - \dfrac{1}{15 \cdot 7!}t^{15} + \cdots \right]_0^x$

$= \dfrac{1}{3}x^3 - \dfrac{1}{7 \cdot 3!}x^7 + \dfrac{1}{11 \cdot 5!}x^{11} - \dfrac{1}{15 \cdot 7!}x^{15} + \cdots$

(3) $P_4(1) = \sin 1 = 1 - \dfrac{1}{3!} + \dfrac{1}{5!} - \dfrac{1}{7!}$

$\Rightarrow |f(1) - P_4(1)| < \dfrac{1}{9!} < \dfrac{1}{8!}$

⚡ Exercise

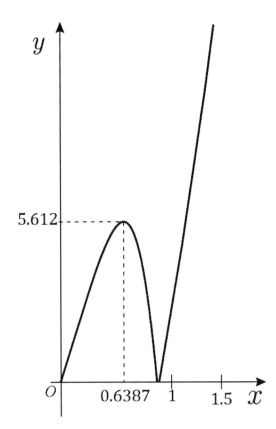

2. Let $f(x) = \cos x + \cos(x^2)$. The graph of $y = |f^{(3)}(x)|$ is shown above.

(1) Write the first two nonzero terms of the Taylor series for f about $x = 0$.

(2) Let $P_2(x)$ be the second-degree Taylor polynomial for f about $x = 0$. Using information from the graph of $y = |f^{(3)}(x)|$ shown above, show that $|f(0.6) - P_2(0.6)| < 0.3$.

Solution

2.
(1) Taylor series about $x = 0$

$\Rightarrow f(x) = f(0) + f'(0)x + \dfrac{f''(0)}{2!}x^2 + \dfrac{f'''(0)}{3!}x^3 + \cdots + \dfrac{f^{(n)}(0)}{n!}x^n + \cdots$

① $f(0) = \cos(0) + \cos(0) = 2$

② $f'(x) = -\sin x - 2x\sin(x^2) \Rightarrow f'(0) = 0$

③ $f''(x) = -\cos x - 2\sin(x^2) - 4x^2\cos(x^2) \Rightarrow f''(0) = -1$

$\therefore f(x) = 2 - \dfrac{1}{2}x^2$

(2) From $|f(0.6) - P_2(0.6)| = |R_2(0.6)| \leq \dfrac{|M|}{(n+1)!} \cdot (x-a)^{n+1}$,

$\dfrac{|M|}{(n+1)!} \cdot (x-a)^{n+1} \approx \dfrac{5.612}{(2+1)!} \cdot (\dfrac{6}{10})^3 = \dfrac{5.612}{6} \times (\dfrac{6}{10})^3 \approx 0.202 < 0.3$

※ ① $|M|$: Maximum Value를 찾을 때 $0 \leq x \leq 0.6$ 범위 내에서 $|f^{(3)}(x)|$의 Maximum Value를 찾는다. 그런데 왜 $x = 0.6$일 때의 Maximum Value가 아닌 $x = 0.6387$일 때의 Value를 Maximum Value라고 할까?

$\Rightarrow$ 우리는 $0 \leq x \leq 0.6$ 범위 내에서 정확한 Maximum Value를 알 수 없다. 어차피 우리가 구하는 것은 정확한 값이 아니라 우리가 구한 값의 Error가 어느 범위 내에 있는가를 찾는 것이기에 우리가 알 수 있는 대략적인 Maximum Value를 넣는 것이다.

② x의 범위는 Taylor series about $x = 0$이므로 $x \geq 0$이고 $f(0.6)$이므로 $x \leq 0.6$이 되어 $0 \leq x \leq 0.6$이 된다. 이때, x의 범위를 $0 < x < 0.6$이라고 해도 상관없다. 어차피 주어진 범위 내에서 정확한 Maximum Value를 찾기가 어려워 대략적인 알 수 있는 Maximum Value를 찾아서 계산하기 때문에 $\leq$인지 $<$인지가 그리 중요한 문제가 되지 않는다.

5월 AP Calculus BC 시험대비
Final 총정리와 Practice Tests

초판인쇄 2019년 4월 5일
초판발행 2019년 4월 5일

지은이 심현성
펴낸이 채종준
펴낸곳 한국학술정보㈜
주소 경기도 파주시 회동길 230(문발동)
전화 031) 908-3181(대표)
팩스 031) 908-3189
홈페이지 http://ebook.kstudy.com
전자우편 출판사업부 publish@kstudy.com
등록 제일산-115호(2000. 6. 19)

ISBN 978-89-268-8783-7 13410